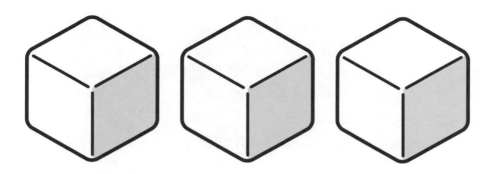

基本技術から設計・運用管理の実践まで

基礎からの 新しいストレージ 入門

坂下 幸徳 著

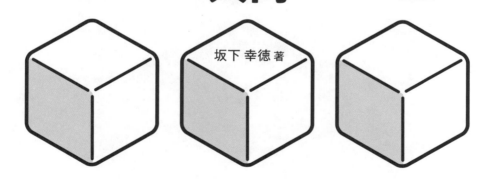

ソシム

chapter 3 　ベアメタルサーバ / VM での使い方 ･･････････････････ 059

chapter 4 コンテナ / Kubernetes での使い方

chapter 6 Cloud Native とストレージ

はじめに

　パーソナルコンピュータ（PC）、スマートフォン、タブレット、センサーなど様々なコンピュータにおいて、データは日々生み出されています。生み出されたデータは、そのまま利用されるだけでなく、他のデータと統合されたり、分析されたりすることによって様々な用途で利用されます。

　このようにデータを保存し蓄積する上でストレージは欠かせません。ストレージはコンピュータ登場初期から、CPUやメモリと並んでコンピュータの重要なコンポーネントの1つなのです。ストレージがなければ、コンピュータでできることは激減すると言っても過言ではありません。

　では、みなさんはこの「ストレージ」をどのぐらい知っているでしょう。「名前は知っている」「聞いたことはある」「知ってはいるけど触ったことがない」といった人も多いのではないでしょうか。また、PCの内蔵ディスクであれば詳しく知っているけれど、ネットワーク接続する外部ストレージについては詳しくない人もいるでしょう。

　なぜでしょうか。理由はいくつかありますが、私は「どこから勉強してよいのかわからない」「気楽に触れる外部ストレージがない」「操作ミスしてデータを失うのが怖い」といったコメントをよく耳にします。このような理由から、コンピュータの重要なコンポーネントでありながら、ストレージを得意とするエンジニアが少ないのではないでしょうか。

　誰しもデータを失いたくはないはずです。データの損失が怖くないエンジニアはいないでしょう。だからこそ、ストレージの知識をきちんと身に付けて、ストレージを上手に使いこなすことが重要なのです。また、

ストレージの知識を身に付けることはコンピュータに関する理解のレベルアップだけでなく、エンジニアとしての価値向上にもつながります。

　本書では、ストレージを学び始めたい、学び直したいエンジニアを対象にストレージを解説していきます。まず、1章ではストレージの歴史からよく耳にするであろうキーワードを紹介し、2章ではストレージのアーキテクチャを解説します。1章は、ストレージについて広く浅く知りたい方、2章はもう一歩踏み込んで知見を深めたい方向けです。

　3章はベアメタルサーバ/VM、4章はコンテナ/Kubernetesにおけるストレージの利用方法を、具体的なコマンドを交えつつ解説します。ストレージの利用方法を知りたい方向けの章なので、ストレージに接続しているサーバの環境に応じて読み進めてください。5章では、私自身の経験に基づいてストレージを運用管理する上でのポイントを紹介します。この章は、ストレージの運用管理者向けとなります。そして6章では、2015年頃より目にすることの多くなったCloud Nativeにおけるストレージについて、その考え方から代表的なアーキテクチャーを紹介します。この章は、Cloud Nativeな運用について検討を開始しようとする方向けです。

　上述のように章ごとに読者のターゲットを分けているため、知識を深めたい章から読み進めていただければ幸いです。

　では、ストレージの深い海に向かって、まずは最初の1歩を踏み出しましょう。

chapter 1

ストレージとは

ITシステムにおいて、データは非常に重要です。文章・写真・動画などはすべてデータであり、コンピュータ上で動作するプログラム自体もデータです。

このデータを保存しておくのが「ストレージ（Storage）」です。ストレージを日本語に訳すと「保管・貯蔵・記憶・保存」であり、文字通りデータを記憶し貯めておく役割を果たします。ストレージには、PCなどの内蔵ドライブと、ネットワーク経由で利用する外部ストレージ（別名：ストレージアレイシステム）という2つの形態があります。外部ストレージには、ブロックストレージ、ファイルストレージ、オブジェクトストレージといったタイプがあります。

ここでは、このような様々な形態やタイプのストレージについて、それぞれの特徴や誕生の背景、そして主要なストレージ関連のキーワードを解説します。

なお、本書では特に明記がない場合、ストレージは外部ストレージを指します。

1.1 ストレージの歴史

　プログラムの保存にも利用されるストレージは、プログラムの実行に利用されるCPUやメモリと同様に、コンピュータにとって必要不可欠です。

　ストレージは、コンピュータ誕生初期より存在していました。ただし、初期のストレージには、点字印刷した紙テープやカード、磁気テープなど、色々な媒体が使われていました。また当時はプログラムやデータの読み書きに非常に多くの時間がかかり、1つのプログラムをロードするのに数時間かかるケースも珍しくありませんでした。

　その後、高速な読み書きが可能な円盤型の磁器ディスクを利用したHDD（ハードディスクドライブ）が登場し、1956年にIBM社より販売されました。当時のHDDは非常に高額で、巨大かつ消費電力が大きく、故障率も高かったため、一般には普及しませんでした。

　その後、HDDは進化を続け、1980年代には価格や消費電力も下がり、ディスクのサイズも8インチから5インチへと小さくなり、数十MBのデータが保存できるようになりました。その結果、小型のパーソナルコンピュータ（PC）向けのHDDが販売されるようになり、一般普及が始まったのです。

　さらに、HDD搭載のPCや、後付け拡張可能な外付けHDDも販売されるようになります。この外付けHDDを様々なプラットフォームで利用できるようにするための規格として「SCSI（Small Computer System Interface）」が策定されたのです。

　1990年代になりネットワークが普及し始めると、HDDを集約しつつネットワーク経由で複数台のコンピュータからアクセスできる外部ストレージが普及し始めました。この頃には、ファイバーチャネル（FC）を利用したFC接続のストレージ専用ネットワークが登場します。また、このストレージ専用ネットワークを指し示す用語として「SAN（Storage Area Network）」も誕生しました。

　FC接続では、大きな変更を加えることなく従来のOSやアプリケーションを利用できるようにするため、SCSIプロトコルが利用されています。FC接続は非常にシンプルかつ高速なため、2020年代の現在も活躍します。ただし、FC接続には専用のネットワークスイッチ、ケーブル、I/Fカード（HBA：Host Bus Adapter）や専門の運用知識が必要となります。そのため、LANやインターネットで普及したEthernet上での利用が求められるようになりました。そこで登場したのが、Ethernet上のIPネットワークにてSCSIプロトコルを利用できるiSCSIなのです。

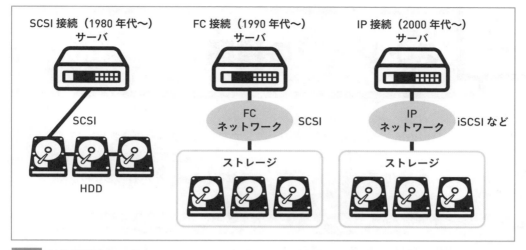

図1-1 SAN の歴史

　HDD とネットワークが普及し始めた1980-1990年代まで、時代を遡りましょう。この当時、安価になってきたとはいえ、すべてのコンピュータに搭載するには HDD は高価でした。そのため1980年代から、HDD が接続されたコンピュータをサーバとし、ネットワーク経由で HDD 上のファイルにアクセスする試みが行われるようになります。

　1984年には、Sun Microsystems 社（現 Oracle 社）からファイル共有プロトコルの NFS（Network File System）が発表され、以降、NFS は UNIX 系の OS で利用されるようになりました。また、同年に IBM 社から、ファイル共有プロトコルの SMB（Server Message Block）を搭載した PC-DOS が発表されました。

　その後、Microsoft 社が Microsoft Networks として SMB を採用し、Windows などの製品でも継続的に採用しています。Microsoft 社は1996年に SMB を CIFS（Common Internet File System）と改名しましたが、数年後再度 SMB に戻しています。そして1990年代になると、NFS や SMB といったファイル共有の機能をファイルサーバとして組込み用の小型 PC にセットアップして HDD と一体化させた製品として、NAS（Network Attached Storage）が登場しました。

　このように、コンピュータにとって必要不可欠であるストレージは、記憶媒体である HDD とネットワークの普及によって、外部ストレージの形態へと進化を遂げたのです。

　ストレージには、特徴の異なる3つの種類があります。すなわち、ブロックストレージ、ファイルストレージ、オブジェクトストレージです。ストレージを選択する上では、それぞれの特徴を理解しておくことが重要になります。図1-2にそれぞれの違いを示しましょう。

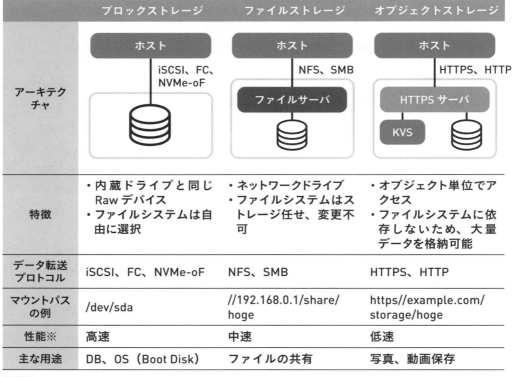

	ブロックストレージ	ファイルストレージ	オブジェクトストレージ
アーキテクチャ			
特徴	・内蔵ドライブと同じRawデバイス ・ファイルシステムは自由に選択	・ネットワークドライブ ・ファイルシステムはストレージ任せ、変更不可	・オブジェクト単位でアクセス ・ファイルシステムに依存しないため、大量データを格納可能
データ転送プロトコル	iSCSI、FC、NVMe-oF	NFS、SMB	HTTPS、HTTP
マウントパスの例	/dev/sda	//192.168.0.1/share/hoge	https//example.com/storage/hoge
性能※	高速	中速	低速
主な用途	DB、OS（Boot Disk）	ファイルの共有	写真、動画保存

図1-2　ストレージの種類　　　　　　　　　　　　　※性能は一般的な傾向であり製品により異なります

（1）ブロックストレージ

　ブロックストレージは、最も基本的なストレージです。ブロックストレージには、主にiSCSI、FC、NVMe-oFなどを通じてアクセスします。

　ブロックストレージはOSから見ると、あたかも内蔵ドライブと同様に扱うことができます。そのため、アプリケーションやユーザのデータを格納できるだけでなく、OS自身のデータを格納し、起動ドライブ（Bootドライブ）としても利用できます。ブロックストレージのアー

キテクチャについては2.1節にて解説します。

(2) ファイルストレージ

NASとも呼ばれるファイルストレージは、ファイルを複数サーバで共有するのに適しています。ファイルストレージには、主にファイル共有プロトコルであるNFSやSMBを通じてアクセスします。

ファイルストレージへのアクセスでは、ホストにNFSやSMBのクライアントソフトが必要となります。そのため、OSなどによりNFSやSMBのクライアントソフトが起動されるまでは、利用できません。ファイルストレージのアーキテクチャについては2.2節にて解説します。

(3) オブジェクトストレージ

オブジェクトストレージは、他の2つのストレージと比べて最近、一般に普及したストレージです。ファイルストレージにはファイル数やファイルサイズに制限がありますが、オブジェクトストレージはこうした制限を大幅に超える数やサイズのデータを格納できます。

オブジェクトストレージには、主にHTTPS/HTTPなどを通じてアクセスします。HTTPS/HTTPを採用していることが多いため、オブジェクトストレージはインターネット越しに利用されることもあります。ただし、ストレージ向けのプロトコルではなくWeb向けのHTTPS/HTTPといったプロトコルを利用するため、他のストレージと比べて性能が低くなりがちです。

ブロックストレージやファイルストレージでは、OSが提供するread/write命令によってデータの読み書きを行いますが、オブジェクトストレージは異なります。オブジェクトストレージは、各製品が提供する専用のWebAPIを利用してデータの読み書きを行うのです。そのため、オブジェクトストレージを利用する場合は、オブジェクトストレージに対応したアプリケーションや専用クライアントソフトが必要になります。オブジェクトストレージのアーキテクチャについては2.3節にて解説します。

1.3 ストレージのタイプ

　ストレージには大きく2つのタイプがあります。すなわち、専用ハードウェアによって構成されるアプライアンスストレージと、ソフトウェアによって構成されるSDS（Software-Defined Storage）です。ここでは、それぞれの特徴などを解説しましょう。

（1）アプライアンスストレージ

　アプライアンスストレージは、性能や高可用性を高めるために専用の集積回路などを搭載したハードウェアをストレージベンダーが開発して提供するタイプのストレージです。代表的な構成例を図1-3に示します。

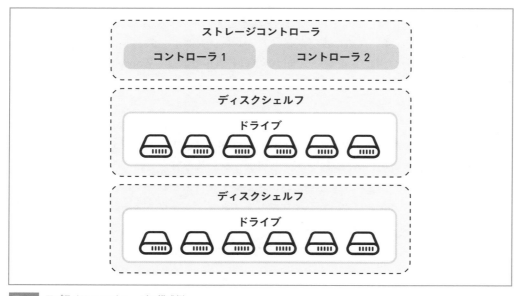

図1-3　アプライアンスストレージの構成例

　アプライアンスストレージのハードウェアは大きく、ストレージコントローラとディスクシェルフで構成されます。CPUやメモリなどを搭載するストレージコントローラは、ストレージの頭脳にあたります。一方、ディスクシェルフには、SSDやHDDなどのドライブが多数詰め込まれています。

　サーバから発行されたReadやWriteのIOは、ストレージコントローラで処理されてディスクシェルフのドライブに読み書きされます。アプライアンスストレージはストレージの処理

に特化したハードウェアで構築されているため、多くの製品が高性能かつ高可用性の機能を備えているのです。

　また、アプライアンスストレージの性能をスケールするときはストレージコントローラを拡張し、容量を増設するときはディスクシェルフを追加します。製品によっては、ストレージコントローラとディスクシェルフが一体化しているものもあります。

（2）SDS

　SDSはアプライアンスストレージのような専用ハードウェアではなく、一般的に利用されるコモディティサーバ上に専用のソフトウェアをセットアップするタイプのストレージです。代表的な構成例を図1-4に示します。

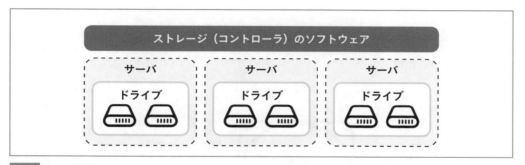

図1-4　SDS の構成例

　SDSは、後発タイプのストレージとして、2013年頃から市場に登場してきました。ネットワークで接続された複数台のサーバ上にストレージの処理を行うソフトウェアをセットアップすることで、SDSは構築されます。

　SDSでは、主にサーバ内蔵のSSDやHDDなどのドライブがデータの保存に利用されます。SDSにおいて、ストレージの性能や容量をスケールさせるときは、サーバの台数を追加します。SDSでは追加する単位がサーバ単位となるため、アプライアンスストレージに比べて小さな単位で性能・容量を追加できるのが利点です。

　SDSはアプライアンスストレージのような専用ハードウェアでないため、サーバの性能・容量・台数によりストレージの性能・容量が大きく左右されます。つまり、高性能かつ大容量が求められるケースでは、高性能なサーバを多数使ってストレージを構成する必要があるのです。

　多くのサーバでSDSによってストレージを構成する場合、サーバ間を接続するネットワークにも十分な帯域が求められるため、注意が必要です。また、アプライアンスストレージを自ら設置できないパブリッククラウドのような環境で利用できることも、SDSの利点の1つです。

1.4 ストレージに使われるメディア

　ストレージのドライブには、様々なメディアが使われています。代表的なメディアには、一次データの保存先として高速な性能を誇るSSD（Solid State Drive）やHDD（Hard Disk Drive）があり、長期保管用として低コストなテープドライブやBlu-rayなどの光ディスクがあります。ここでは、外部ストレージのドライブのメディアとして利用されることの多いHDDとSSDについて解説します。

（1）HDD
　HDDの構成図を図1-5に示します。

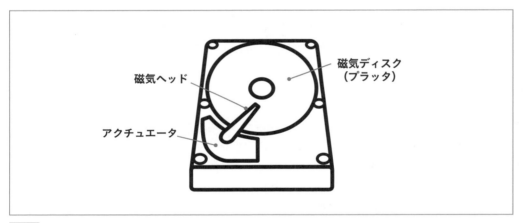

図1-5　HDD の構成図

　HDDでは、円盤状の磁気ディスクを高速回転させ、アクチュエータにより磁気ヘッドの場所を定めて磁気によってデータを読み書きします。HDDでは、この磁気ディスクや磁気ヘッドを複数持つことで、容量や性能を向上させています。

　HDDの性能では磁気ディスクの回転速度も重要になります。また、HDDの特徴は、SSDと比べて1ビットあたりの単価（ビット単価）が低価格であること、容量が大きいことです。一方でHDDには、磁気ディスクが利用されているため、磁石など磁力を持ったものを近づけるとデータが欠損する、高速回転しているために振動に弱いといった弱点があります。

　HDDの磁気ディスクの表面は、陸上競技のトラックのように同心円状に区切られています。各トラックは、セクタと呼ばれる領域に分割されています。このセクタはHDDにおける物理

的な記憶域の最小単位であり、その多くが512bytesで区切られているのです。

(2) SSD

SSDの構成図を図1-6に示します。

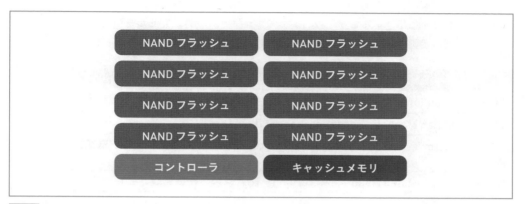

図1-6 SSD の構成図

　SSDは、NANDフラッシュの半導体素子にデータを保存するタイプのメディアです。NANDフラッシュは、不揮発メモリ（Non-volatile Memory）と呼ばれるメモリの1つです。不揮発メモリは、電源を止めてもデータが消えません（揮発しません）。反対に、電源を止めるとデータが消える（揮発する）揮発メモリは、主にサーバやPCなどのメインメモリとして利用されます。

　SSDは、不揮発メモリであるNANDフラッシュとデータの読み書きを制御するコントローラと、コントローラが利用するキャッシュメモリによって構成されています。SSDはHDDに比べて、非常に高速な性能のメディアで磁力や振動にも強いという特長を持っています。

　一方、ビットコストは高額であり、NANDフラッシュの特性上、書き込み回数に上限があります。なお、NANDフラッシュへの物理セクタとして4KBytesで扱われるものが多いのです。

　SSDを利用する上での注意点は、HDDとは異なりNANDフラッシュに格納されたデータを上書きできないことです。そのため、新しいデータは新しい領域に保存しつつ、古いデータは削除された印を付け、コントローラの負荷が低いときにガベージコレクションと呼ばれる処理により削除されます。

　このような特性のため、NANDフラッシュの空き容量が少なくなると、頻繁にガベージコレクションが実行されるようになり、性能劣化することがあります。性能劣化だけでなく書き込み回数による寿命を縮める要因にもなるため、空き容量を十分に確保した利用がお勧めです。

HDDやSSDでは高速な性能や大規模容量を実現するため、様々な記憶方式が使われます。記憶方式の違いによって性能特性やビットコストも異なるため、メディアの選択が重要な場合には、使い分けるとよいでしょう。ここでは、詳細は解説しませんが、以下に代表的な記憶方式をあげておきます。なお、SSDの記憶方式の違いはNANDフラッシュ内のセルに格納するビット数の違いですが、それ以外にもセルを積層化することで大容量を目指す3D NANDと呼ばれる記憶方式もあります。

HDD の記憶方式
CMR（Conventional Magnetic Recording：従来型磁気記録方式）
SMR（Shingled Magnetic Recording：シングル磁気記録方式）
MAMR（Microwave Assisted Magnetic Recording：マイクロ波アシスト磁気記録方式）
HAMR（Heat Assisted Magnetic Recording：熱アシスト磁気記録方式）

SSD の記憶方式
SLC（Single Level Cell：シングルレベルセル）
MLC（Multi Level Cell（2-bit MLC）：マルチレベルセル）
TLC（Triple Level Cell（3-bit MLC）：トリプルレベルセル）
QLC（Quad Level Cell（4-bit MLC）：クアッドレベルセル）
PLC（Penta Level Cell（5-bit MLC）：ペンタレベルセル）

1.5 接続インターフェース

　ここでは、CPUやメモリが搭載されたマザーボードやディスクシェルフ内部での接続に利用される、HDDやSSDといったドライブとのインターフェースについて説明します。

　ストレージの接続インターフェースの代表例に、SAS、SATA、NVMeがあります。SATA、SASはHDDと共に進化してきたインターフェースであり、広く普及しています。一方、NVMeはSSDの登場に伴って登場してきたインターフェイスであり、SATA/SASよりもSSDの性能を引き出すことができます。これらのインターフェイスについて、少し詳しく紹介しましょう。

(1) SATA（Serial Advanced Technology Attachment）、SAS（Serial Attached SCSI）

　HDDと共に進化してきたインターフェースには大きく、ATA（Advanced Technology Attachment）と、SCSIの2系統があります。ATA系インターフェイスを選択すると、SCSI系と比べて低コストで製品を開発できるため、低価格の製品で採用されています。一方、SCSI系インターフェイスを選択すると、ATA系と比べて製品開発コストが高くなりますが、高性能かつ高信頼な製品で採用されています。

　ATA系インターフェースの代表例がSATAであり、SCSI系インターフェースの代表例がSASです。SASのコネクタ、ケーブル、ドライブ制御装置はSATAの上位互換であるため、SASにSATAのドライブを接続することは可能です。逆に、SATAにSASのドライブを接続することはできません。また、SATAはHDD向けに最適化された通信プロトコルのAHCI（Advanced Host Controller Interface）を採用しています。

(2) NVMe（Non-Volatile Memory Express）

　NVMeは、その名のごとくSSDなどの不揮発メモリ（Non-Volatile Memory）向けに開発されたPCIeをベースとした通信プロトコルです。AHCIは、HDD向けに最適化されていた通信プロトコルですが、シリアル通信やHDDを前提に開発されていたため、SSDの性能を十分に引き出せませんでした。そこで、SSDの性能を引き出す通信プロトコルとして、NVMeが開発されたのです。

　NVMeの主な特徴は、NANDフラッシュの物理セクタの4KBytesに合わせてチューニングされたプロトコルになっていること、コマンド処理のためのキューが65536個であることです。またAHCIにはコマンド処理のためのキューが1つしかなく、キューに入るコマンド数も

32個ですが、NVMeには各キューに65535個のコマンドが入ります。HDDでは、内部磁気ドライブの回転待ち時間などがあるために、AHCIのキューは1つで十分でした。しかし、SSDでは、NANDフラッシュを採用しているために磁気ドライブの回転待ちなどがなく、多くのコマンドを並列処理できるため、NVMeはキュー数を増やすことで性能を向上させているのです。

　このようにドライブを接続するインターフェースにも、複数の種類や様々な特徴があります。そのため、ドライブのメディアの種類（HDDやSSD）、インターフェースとの組み合わせによってコストや性能が大きく変わります。導入するストレージのコストと性能のバランスを図りながら、メディアやインターフェースを選択することをお勧めします。

1.6 サーバ-ストレージ間の通信で使われるプロトコル

　サーバ-ストレージ間の通信で使われるプロトコルは大きく、データプレーンで使われるものとコントロールプレーンで使われるものの2つに分類されます。図1-7にデータプレーンとコントロールプレーンを図示します。

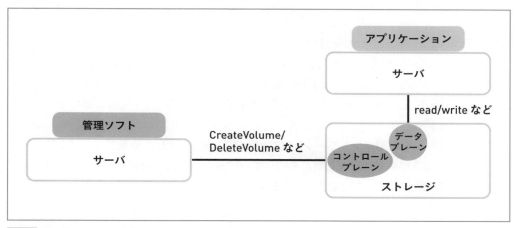

図1-7 データプレーンとコントロールプレーン

　データプレーンとは、データの読み書きを行うread/writeを処理するコントローラ群です。このデータプレーンに接続されるネットワークはin-bandとも呼ばれます。一方、コントロールプレーンは、ボリューム作成/削除などストレージのリソース操作や設定を行うコントローラ群です。コントロールプレーンに接続されるネットワークはout-of-bandとも呼ばれます。

　ストレージには、データプレーンとコントロールプレーンが別々のコントローラとなっている製品もあれば、同一のコントローラとなっている製品もあります。後者の製品では、コントロールプレーンに大量のリクエストが流れると、データプレーンの性能遅延を引き起こすリスクがあるので注意が必要です。ここで、データプレーンとコントロールプレーンのプロトコルを解説します。

まずは、データプレーンのプロトコルを紹介しましょう。

アプリケーションなどが発行するread/writeなどの命令をストレージへ送る上で使われるデータプレーンのプロトコルは、ブロックストレージ向けのプロトコルとファイルストレージ向けのプロトコルに分けられます。

1.6.1.1 ブロックストレージ向けプロトコル

ブロックストレージ向けの代表的なプロトコルには、FCP、iSCSI、NVMe-oFがあります。それぞれ解説しましょう。

(1) FCP（Fibre Channel Protocol）

ストレージ製品によってはFCとも表記されるFCPは、光ファイバーケーブルで接続された専用ネットワーク（FC-SAN）を使ってサーバとストレージを接続します。FC-SAN上では主にSCSI-FCP（Fiber Channel Protocol for SCSI）を利用して、FCP上のSCSIの命令セットによってデータを転送します。

FCPは、光ファイバーの専用ネットワーク上でのデータ転送に特化した軽量プロトコルスタックであるため、構造が単純で転送速度が高速です。FCPの仕様は、ANSI INCITS T10技術委員会のT11技術委員会によって策定されています。

(2) iSCSI

iSCSIは、SCSIの命令セットをIPネットワーク上で使用するためのプロトコルです。

光ファイバーケーブルの特別なネットワークが必要なFCPとは異なり、iSCSIはインターネットへの接続などで普及しているIPネットワークを活用したプロトコルです。FCPに比べて速度面では劣りますが、IPネットワークを利用するために安価で導入できます。図1-8にFCPとiSCSIのプロトコルスタックの違いを示します。

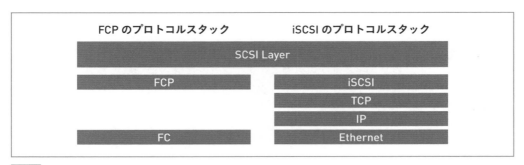

図1-8　FCPとiSCSIのプロトコルスタック

(3) NVMe-oF（NVMe over Fablics）

NVMe-oF は、SSD 向けの NVMe を Ethernet・FC・InfiniBand 上で扱えるように拡張したプロトコルです。

NVMe は、PCIe などの上で使われるプロトコルのため、ストレージやサーバ内部の接続では利用できますが、サーバ-ストレージ間のようなネットワーク越しでは利用できません。そこで、ネットワーク越しで接続できるように生み出されたのが NVMe-oF なのです。

1.6.1.2 ファイルストレージ向けプロトコル

ファイルストレージ向けの代表的なプロトコルには、NFS、SMB/CIFS があります。それぞれ解説しましょう。

(1) NFS

NFS は主に UNIX 系 OS（BSD、Linux など）を搭載したサーバ-ストレージ間でのデータ転送に使われるプロトコルであり、IP ネットワーク上での使用が可能です。

NFS は複数サーバでファイルを共有する目的で生み出されたプロトコルのため、ファイル共有やロックなど特有の機能を有しています。これらの機能の詳細は、2.2.2節を参照ください。

(2) SMB/CIFS

SMB/CIFS は主に Windows OS を搭載したサーバ-ストレージ間でのデータ転送に使われるプロトコルです。NFS と同様に IP ネットワーク上で使用可能であり、ファイル共有向けに生み出されました。

1.6.2 ┃ コントロールプレーンのプロトコル

データプレーンでは、多くの場合、標準仕様のプロトコルを利用します。これは、Linux や Windows など様々な OS のサーバにストレージを接続できるようにするためです。

それに対し、コントロールプレーンのプロトコルには多くの場合、ユーザーを囲い込むために、ベンダー固有のプロトコルが採用されています。つまり、管理ソフトから利用するコントロールプレーンについては、ユーザーをロックインするため、ベンダーが提供するストレージ専用の管理ソフトからのみ利用できるようにする傾向が強いのです。

一方、ユーザーは複数ベンダーのストレージをデータセンターで一元管理したいと考えるため、ストレージ業界団体 SNIA（Storage Networking Industry Association）が中心となってコントロールプレーンについても標準仕様のプロトコルを策定しています。ベンダー固有プロトコルと標準仕様プロトコルのどちらを利用するかについては、利用するストレージのサポート状況や運用形態に依存します。そのため、プロトコルやストレージの特徴を把握し

た上で、適切なプロトコルを選択することが重要です。

　本書では、コントロールプレーンの代表的な標準仕様のプロトコルについて紹介します。

（1）SMI-S

　SMI-S（Storage Management Initiative Specification）はSNIAが定めるストレージ管理のための標準仕様です。2002年より仕様策定が始まり、2003年にv1.0がリリースされています。

　SMI-Sは米国規格であるANSIおよび国際標準規格であるISO/IECに登録されており、2000以上もの製品がSMI-S準拠の認定を受けています。SMI-Sは管理モデルに業界団体DMTFが定めるCIM（Commin Information Model）を採用しています。このCIMをXML化しHTTPS/HTTP上で通信するためのWBEMプロトコルを使って、ストレージ-管理ソフト間の通信を行うのです。

　なお、DMTFとSNIAは互いに連携した業界団体であり、システム管理全般の仕様をDMTFが定め、そのうちストレージの仕様に関してはSNIAが策定をしています。

（2）Swordfish

　Swordfishは、SMI-Sと同じくSNIAが定めるストレージ管理のためのプロトコルです。

　Swordfishの前身となるSMI-Sは、XMLベースのWBEMプロトコルを採用していました。しかし、サーバやネットワーク機器との通信にJSONベースのRESTful APIを採用する管理ソフトが増えたことを受けて、2012年にSMI-S v2.0の検討が開始されました。その後、DMTFが同じくRESTful APIのRedfishを発表し、SNIAもこれに合わせてSMI-S v2.0をSwordfishと改称して2016年にv1.0を発表したのです。

　なお、SwordfishはSMI-Sと同じくISO/IECに登録されている国際標準規格のプロトコルです。

chapter 2

ストレージのアーキテクチャ

　本章では、ブロックストレージ、ファイルストレージ、オブジェクトストレージの内部アーキテクチャを解説します。ストレージの内部アーキテクチャにおいて、最も基本となるのはブロックストレージです。そこで、初めにブロックストレージについて解説した後、追加点や差分点を中心にファイルストレージとオブジェクトストレージを解説します。

　なお、各ストレージ製品の内部アーキテクチャは、製品に特徴を出すため、ベンダーによって実装が異なります。そのため本書では、ベンダーによる実装の違いに依存しないようにするため、ストレージ業界団体SNIA が策定する ISO/IEC 標準 の SMI-S および Swordfish のモデルをベースに解説します。

2.1 ブロックストレージの アーキテクチャ

　ブロックストレージは、ファイルストレージやオブジェクトストレージのベースとなるストレージです。ブロックストレージの構成図を図2-1に示します。

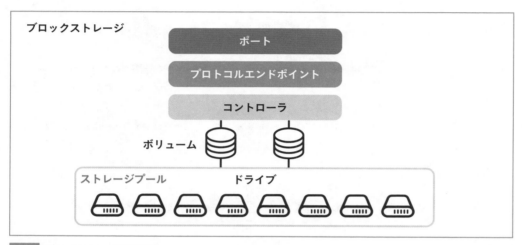

図2-1 ブロックストレージの構成図

　ブロックストレージは主に、次のコンポーネントから構成されます。

- **ポート（Port）**
- **プロトコルエンドポイント（Protocol EndPoint）**
- **コントローラ（Controller）**
- **ボリューム（Volume）**
- **ストレージプール（Storage Pool）**
- **ドライブ（Drive）**

　ポートは物理的なコンポーネントであり、FCやEthernetを接続する口です。ポートの論理的なコンポーネントがプロトコルエンドポイントです。プロトコルエンドポイントでは、SCSIやiSCSIなどのプロトコルや、IPアドレスやIQNなどのストレージにアクセスする際の識別子を管理しています。

　次のコントローラは物理的なコンポーネントであり、CPUやメモリを備えています。また、処理を高速化するための専用チップを備えているコントローラもあります。コントローラ上

ではOSが起動し、ストレージのIO処理などを行うプログラムが実行されます。コントローラには、LinuxやBSDなどの汎用的なOS上で動作する製品もあれば、独自OS上で動作する製品もあります。

ボリュームは論理的なコンポーネントであり、LU（ロジカルユニット）と呼ばれることもあります。ボリュームがサーバからマウントした際に、認識されるコンポーネントです。ボリュームを生成する元となるコンポーネントが、ストレージプールです。

ストレージプールは論理的なコンポーネントであり、複数のドライブを束ねる役割を担っています。物理的なコンポーネントであるドライブは、SSD（ソリッド・ステート・ドライブ）やHDD（ハードディスク・ドライブ）などのデータを実際に保存するメディアです。

2.1.1 │ ストレージプールとデータ保護

ストレージプールを支える技術としてデータ保護を説明します。

データ保護技術は、複数のドライブを使うことで、巨大な容量の確保・データ保護・性能向上などを実現します。本書では、データ保護の代表的な技術であるRAIDとTriple Replicationについて解説しましょう。

2.1.1.1 RAID

RAID（レイド）は、David A.Patterson、Garth A.Gibson and Randy H.Katzの3名にて1987年に発表された論文「A Case for Redundant Arrays of Inexpensive Disks」にて提案されました。この論文のタイトルにもあるように、RAIDは安価な（Inexpensive）なディスク（Disks）を使って、冗長化（Redundant）されたアレイ（Arrays）を実現します。

当時、MF（メインフレーム）のようなミッションクリティカルなシステムで利用されるHDDは非常に高価でした。そのため、RAIDは、安価なHDDを使い巨大な容量の確保・データ保護・性能向上を目指し提案されたのです。RAIDは、以下の3つの基本原則に基づいて設計されています。

- ●パリティ：1台のディスクに障害が発生した場合に復元を可能とするデータである
- ●冗長性：ディスクを複製することで、信頼性を高めてフェイルセーフとして機能することである
- ●ミラーリング：ディスク上に書き込まれたデータを、別のディスクに複製することである

この3つの基本原則に基づいて、いくつかのパターンのRAIDレベルが開発されました。ここでは、RAID0、RAID1、RAID1+0、RAID5という多くの現場で利用されている4パターンのRAIDレベルを解説しましょう。

（1）RAID0

　RAID0では、ストライピングにより巨大な容量のディスクを実現します。ただし、冗長性はなく、1つのディスクが障害を起こすと復旧できません。図2-2の例では、容量が20Gとなります。

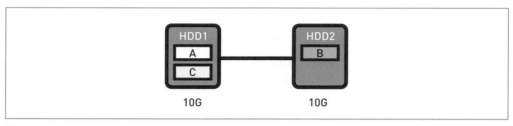

図2-2　RAID 0

（2）RAID1

　RAID1では、ミラーリングによりデータ保護されたディスクを実現します。ただし、容量は半分となり、図2-3の例では容量が10Gとなります。また、2台のディスクに対して並列でデータを読み込めるため、読み込み速度が向上しますが、書き込み速度は向上しません。

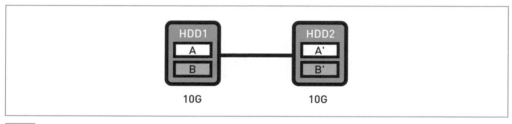

図2-3　RAID 1

（3）RAID1+0

　RAID1+0では、ミラーリング（RAID1）＋ストライピング（RAID0）によって、データ保護＋巨大な容量のディスクを実現します。図2-4の例では、容量が20Gとなります。

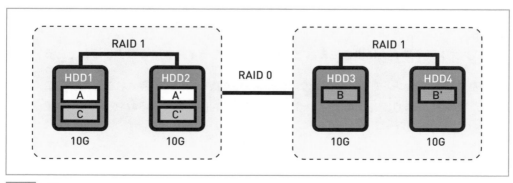

図2-4　RAID1+0

（4）RAID5

　RAID5では、パリティデータによって無駄が少なくデータ保護された巨大な容量のディスクを実現します。図2-5の例では、容量が30G未満となります。

　RAID5では、パリティデータは全ディスクに分散され、書き込まれます。これにより、どれか1台のディスクに障害が発生しても、それ以外のディスクのデータとパリティデータから元データの復旧が可能です。ただし、同時に2台以上のディスクに障害が発生した場合、データの復旧はできません。

　RAID5の性能については、読み込み速度は複数ディスクから同時に並列で読み出しできるために向上する一方で、書き込み速度はパリティ計算のオーバーヘッドがあるために高くありません。なお、RAID5のパリティを2つ生成するデュアルパリティによって、さらに冗長性を高めたRAID6というRAIDレベルもあります。

chapter 2

ストレージのアーキテクチャ

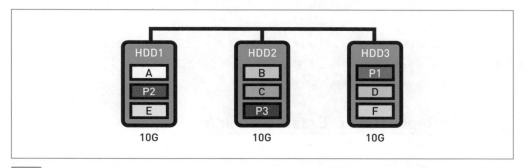

図2-5　RAID 5

　RAID5で使われているパリティデータの計算について基本的な方式を解説しましょう。

　パリティ計算の基本は、XOR（eXclusive OR）の論理演算を使う方式です。XORについて表2-1に示します。

表2-1　XOR

A	B	A XOR B
0	0	0
0	1	1
1	0	1
1	1	0

　このXORを使って、パリティデータを算出します。算出例を図2-6に示します。

	A	B	P1
データ A、B を格納し、パリティデータ P1 を生成	0000 0101	1010 1010	1010 1111
データ B のディスクが障害	0000 0101	✕	1010 1111
データ B を復元 (A XOR P1)	0000 0101	1010 1010	1010 1111

図2-6　パリティ計算の例

　この例では、まずデータ A、データ B のビット列から、XOR を算出し、パリティデータ P1 を生成します。この状況で、データ B の格納されたディスクに障害が起こり、データ B の読み込みが行えなくなったとします。

　この場合、データ A とパリティデータ P1 の XOR を算出すると、データ B が復旧できます。このように、パリティデータを生成することで障害時のデータ復旧が可能となり、ミラーリングするよりも少ない容量でデータ保護を実現できるのです。

2.1.1.2 Triple Replication と Erasure Coding

　レプリケーション（複製）には、データ単位で行うものとボリューム単位で行うものがあります。データ保護技術で使われるのは、データ単位で行うレプリケーションです。

　RAID では、複数ディスクを使いデータ保護を実現しています。しかし、汎用サーバで構築する SDS の登場により、サーバに十分な数のディスクが存在せず、RAID を構築できない環境が出てきました。そこで、利用されるようになったのが、異なるサーバにデータを複製しデータ保護を行う方法です。

　特に、データを3つのサーバに複製する方法は、「Triple Replication（トリプル・レプリケーション）」と呼ばれます。図2-7に Triple Replication の例を示します。

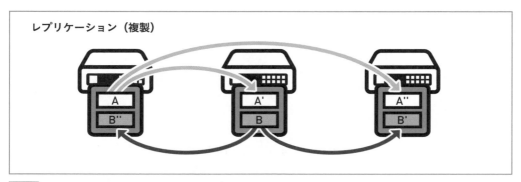

図2-7　Triple Replication

しかし、Triple Replicationはデータを複製するため、容量が3倍必要となり、容量効率が高くありません。そのため、データを分割して複数サーバに分散配置した後、パリティデータを生成して格納するErasure Codingが使われるのです。

図2-8　Erasure Coding

　Erasure Codingは、容量効率が高く、データを保護できるRAID5に似た特性を持っています。ただし、SDSで利用されるErasure Codingは、XORを用いたパリティデータの生成ほど単純ではありません。また、サーバをまたがってパリティデータを格納するため、いかにオーバーヘッドを減らすかが重要になります。そのため各ベンダーは、Erasure Codingについて独自のアルゴリズムを開発しており、性能や容量効率なども製品によって異なります。

2.1.2 | ボリューム

　ボリュームは、ストレージプールから論理的なコンポーネントとして生成され、サーバのOSから認識されるデバイスに対応します。サーバから書き込まれたデータはボリュームを通じて、物理デバイスであるドライブ（HDD、SSDなど）に保存されます。

　ボリュームは、論理（ボリューム）-物理（ドライブ）のLBA（Logical Block Addressing）のマッピングテーブルにて管理されます。LBAはサーバのOSが参照するアドレスであり、OSはLBAを使ってデータにアクセスします。サーバからボリュームへデータを書き込むと、この論理-物理のマッピングテーブルを使って、ドライブのLBAを特定し、データを保存するのです。

　マッピングテーブルは、製品ごとに実装が異なります。本章では説明を簡略化するためにドライブのLBAとしていますが、実際の製品ではデータ保護の技術によってまとめられた領域のLBAとなります。

2.1.2.1 Thick Provisioning と Thin Provisioning

　ボリュームには大きく、Thick Provisioning と Thin Provisioning という2つのタイプがあります。それぞれを解説しましょう。

(1) Thick Provisioning

　Thick Provisioning は、最も基本的な構成のボリュームであり、作成時に物理（ドライブ）のLBAをすべて予約する方式です。ボリューム作成時にボリュームのサイズと同じ容量のドライブの容量が必要になります。Thin Provisioning 登場以前は、ボリュームというと Thick Provisioning のことを指していました。

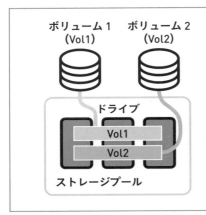

	Vol の LBA	物理ドライブの LBA
Vol1	0000-5FFF	SSD1: 0000-5FFFF
Vol1	6000-AFFF	SSD2: 0000-5FFFF
Vol1	B000-FFFF	SSD3: 0000-5FFFF
Vol2	0000-5FFF	SSD1: B000-FFFFF
Vol2	6000-AFFF	SSD2: 6000-AFFFF
Vol2	B000-FFFF	SSD3: B000-FFFFF

図2-9 Thick Provisioning

(2) Thin Provisioning

　Thin Provisioning は、データを書き込んだときに、物理（ドライブ）のLBAを確保する方式です。ボリューム作成時には、ドライブの容量をほぼ消費せず、実際に書き込まれたデータのサイズ分の容量のみを消費します。

　ただし製品によっては、Thin Provisioning の管理用データがわずかにストレージの容量を消費します。例えば、Thin Provisioning として10Gのボリュームを作成した場合、サーバからは10Gサイズのボリュームと見えます。しかし、この10Gのボリュームに書き込まれたデータのサイズが3Gだった場合、ドライブの容量が3.1Gのように管理用データ分も含めて消費されます。なお、消費される管理用データのサイズは製品によって異なります。

ボリューム1
（Vol1）

A
B

ドライブ

A   B

ストレージプール

	#	Vol の LBA	物理ドライブの LBA
Vol1	Data A	0000-0100	SSD1: 0000-0100
Vol2	Data B	1000-1100	SSD2: 0000-0100

図2-10　Thin Provisioning

　Thin Provisioningはドライブの容量を節約したい場合には有効な方式です。しかし、データの書き込み時にドライブを確保してデータを保存するため、Thick Provisioningに比べて性能がわずかながら低下する場合があります。パブリッククラウドのストレージサービスには、Thin Provisioningを使い、ボリュームのサイズではなく実際に保存しているデータサイズに応じて課金するものもあります。

Tips

　Thin Provisioning方式のストレージにおいてデータを削除した場合、ドライブのLBAの領域はすぐには解放されないことがあります。データを書き込むときには、すぐにドライブのLBAを確保しないと、ストレージを利用できません。つまり、同期処理です。

　しかし、データの削除ではコントローラの負荷が低いタイミングでドライブのLBAを解放するなど、非同期の製品が多いのです。非同期にすると、同じLBAに対して書き込みが行われたときに、ドライブのLBAを新たに確保する必要がなく、高速に割り当てられるというメリットがあります。

　ただし、データを削除した後、可能な限り早くドライブのLBAを解放して使用容量を減らしたいこともあるでしょう。そのような場合、OSからTRIM命令を送ると、データの削除と近いタイミングでドライブのLBAを解放してくれます。Linuxで利用されているファイルシステム（xfsなど）では、マウント時にdiscardオプションを付与すると、データ削除時にTRIM命令を発行してくれます。

2.1.2.2 階層ストレージ管理

　階層ストレージ管理とは、性能やコストの異なるドライブに階層というグループを作って、階層間でデータを移動させることで、性能やコストを適正化する機能です。2000年代初頭、様々なHDDやSSDが登場したことによって、以下のようにストレージのドライブ間に性能やコストの差が生じました。そこで、頻繁にアクセスするデータは高速・高価格なドライブへ格納し、たまにしかアクセスしないデータは低速・低価格なドライブへ配置するために階層ストレージ管理の機能が生まれたのです。

- ●SSD：高速・高価格
- ●HDD（SAS）：中速・中価格
- ●HDD（SATA）：低速・低価格

　階層ストレージ管理の概要図を図2-11に示します。

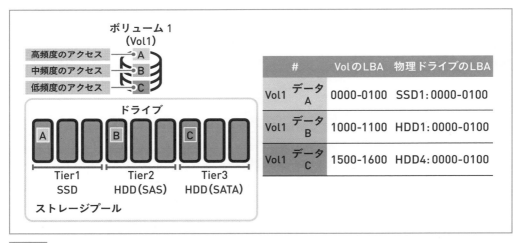

	#	VolのLBA	物理ドライブのLBA
Vol1	データA	0000-0100	SSD1：0000-0100
Vol1	データB	1000-1100	HDD1：0000-0100
Vol1	データC	1500-1600	HDD4：0000-0100

図2-11　階層ストレージ管理

　階層ストレージでは、階層（Tier）としてドライブにラベル付けしグループ化します。各階層は一般に、性能・コストを考慮の上で、同一種類のドライブで構成されます。図2-11では、Tier1にSSD、Tier2にHDD（SAS）、Tier3にHDD（SATA）というように、階層をラベリングしています。

　階層ストレージ管理は、データのアクセス頻度を定期的に監視し、アクセス頻度に応じて階層間でデータを移動させます。つまり、高い頻度でアクセスされるデータAは、高速・高価格なドライブで構成されるTier1に配置されます。そして、データAへのアクセス頻度が低下すると、データAは中速・中価格のドライブで構成される階層Tier2、あるいはTier3へデータが移動されるのです。

このように階層ストレージ管理では、階層に分かれたドライブ間をアクセス頻度に応じて
データを移動させることで、性能やコストを適正化します。

2.1.2.3　重複排除

重複排除（Deduplication）は、同一データがドライブに格納されていると判断した場合、
どちらか一方のデータのみをドライブに格納する技術です。もう一方のデータは、格納され
ているデータへのリンクのみを格納します。これにより、同じデータがドライブに重複して
格納されることがなくなり、ドライブの使用容量を削減できます。

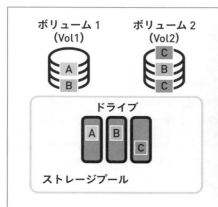

#		VolのLBA	物理ドライブのLBA
Vol1	データ A	0000-0100	SSD1：0000-0100
Vol1	データ B	1000-1100	SSD2：0000-0100
Vol2	データ C	1200-1300	SSD3：1000-1100
Vol2	データ B	&Vol1. データ B	-
Vol2	データ C	&Vol2. データ C	-

図2-12　重複排除

重複排除において、容量効率や性能に影響する同一データ判定のロジックは、製品ベンダ
ーによって異なります。そのため、重複排除による容量効率や性能への影響度は、製品によ
って異なるのです。

2.1.3 ｜ パス設定

サーバと周辺機器の接続規格として、1986年、標準団体 ANSI[1]によって SCSI[2]が規格化さ
れました。当時、サーバと HDD などの周辺機器との接続には、パラレル方式のバスが使われ
ていました。SCSI では、サーバと周辺機器を直列に接続し、各周辺機器は SCSI ID によって
識別したのです。

また、HDD を論理的に分割したユニット（Unit）を識別するために、LUN（Logical Unit
Number）も登場しました。そして、ユニットについては、あまりにも一般的な名称であっ
たため、他と区別するために、ボリュームと呼ばれるようになったのです。

※ 1　ANSI：American National Standards Institute
※ 2　SCSI：Small Computer System Interface

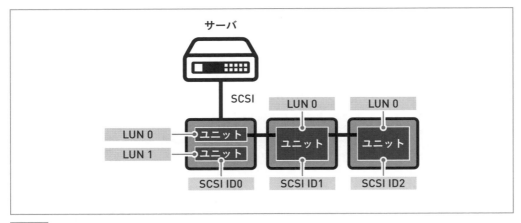

図2-13　SCSI

　SCSIはその後、直列の接続からネットワークでの接続形態であるSAN（Storage Area Network）へと進化しました。SANになったことで、これまで直列の接続であったため1台のサーバからしか接続できなかったHDDが、複数台のサーバから接続できるようになりました。単なるHDDからストレージへと進化したのです。

　このとき、ハードウェアのバスとしてのSCSIは利用されなくなりましたが、データの読み書きを行うプロトコルとして、SCSIは使われ続けました。これは、接続形態が変わっても、OSから見たデバイスとしての互換性を保つためです。

　しかし、SANに変わったことで、SCSI IDには大きな変更が必要でした。直列の接続では単一のサーバから見てユニークなIDであればHDDを特定できるのですが、複数台のサーバから見るとSCSI IDではHDDを特定できないからです。

　そこで、登場したのが別のID形態です。SANの初期から利用されているファイバーチャネル（FC）では、WWNと呼ばれる世界中でユニークなIDとなるように設計されたIDが利用されています。その後、FCを参考に、IPネットワーク上で利用できるようにしたiSCSIでは、WWNの代わりにIQN/EUIが利用されています。また、SANの接続形態を保ちつつ、SCSIプロトコルを置き換えたNVMeでは、WWNの代わりにNQNが利用されているのです。

2.1.3.1　サーバとストレージの接続

　iSCSIを例に、サーバとストレージの接続について説明します。まずは、サーバとストレージの接続例を図2-14に示しましょう。

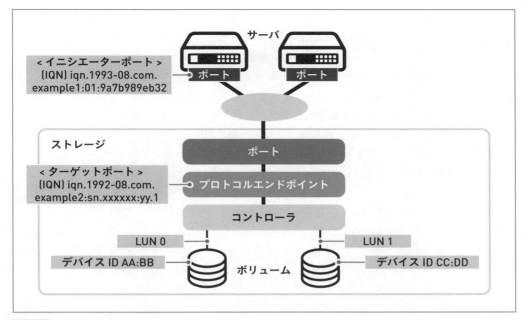

<イニシエーターポート>
(IQN) iqn.1993-08.com.
example1:01:9a7b989eb32

サーバ

ポート ポート

ストレージ

<ターゲットポート>
(IQN) iqn.1992-08.com.
example2:sn.xxxxxx:yy.1

ポート

プロトコルエンドポイント

コントローラ

LUN 0 LUN 1

デバイス ID AA:BB ボリューム デバイス ID CC:DD

図2-14　iSCSI の接続例

　ここでは、サーバとストレージのポートを識別するためのIDとして、IQNがそれぞれのポートに付与されます。IQNについては、RFC7143などで規定されています。また、サーバのポートはイニシエーターポート（Initiator Port）、ストレージのポートはターゲットポート（Target Port）と、その役割から区別して呼ばれます。サーバのポートがイニシエーターポートと呼ばれるのは、サーバとストレージとの通信を開始する際、サーバから最初のパケットを送信するためです。

　ストレージ内のプロトコルエンドポイントは、接続されているポートのIQNを生成・管理しています。1つのポートを論理的に分けて、複数のIQNを割り当てる製品もあります。また、イニシエーターポートのIQNは、ストレージ内で管理され、アクセス制御に利用されます。つまり、特定サーバのイニシエーターポートの通信のみが許可される設定にすることで、許可されたサーバからのみアクセスできるように制御するのです。

　ボリュームの識別子としては、デバイスID（Device ID）とLUNが使われます。デバイスIDは、個々のボリュームを識別するIDであり、ストレージ内でユニークとなるIDです。LUNは、パスと呼ばれるボリュームの接続に関して付与される識別番号です。同じデバイスIDのボリュームについて、LUNが異なる番号を複数付与した構成を組むことも可能です。

　こうしたターゲットポートのIQN/LUN/デバイスIDによって、ストレージのボリュームとそこに至るストレージ内部のパスが一意に決まります。これらの組み合わせが異なると、たとえ同じデバイスIDのボリュームでも、サーバからは別ボリュームとして認識されます。

特定のサーバのみへのアクセス許可の設定は、ストレージだけでなく、サーバ-ストレージ間をつなぐネットワークスイッチでも設定できます。具体的には、FCスイッチのZoningやEthernetスイッチのVLANなどを設定することで、スイッチの特定ポートに接続されたサーバのみが、ストレージにアクセスできるのです。

スイッチとストレージの設定を組み合わせて、許可されたサーバからのみアクセスできるように設定することで、より柔軟なアクセス制御が可能になります。例えば、仮想環境においてVMが利用するネットワークセグメントにスイッチでストレージへのアクセスを許可しておきます。これにより、VMのみがストレージへアクセスできるようになります。

さらに、ストレージのボリュームについては、指定されたVMのみにアクセスを許可するようにストレージで設定します。このようにスイッチとストレージの両方で設定することにより、VMのみがストレージへアクセスでき、さらに特定のVMのみが各ボリュームへアクセスできるようにアクセス制御できるのです。

このように、ストレージ利用の環境・ユースケース・運用チームのポリシーにあわせて、スイッチとストレージのアクセス許可を設定するとよいでしょう。

2.1.3.2 マルチパス構成

マルチパス構成では、サーバからボリュームに至るパスを複数設定できます。パスを複数設定することで、耐障害性や性能を向上することが可能になるのです。マルチパス構成の例を図2-15に示します。

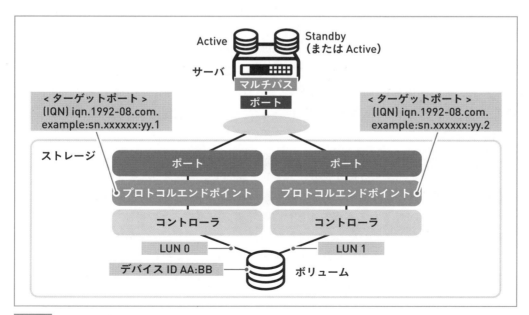

図2-15 マルチパス構成の例

マルチパス構成では、同じボリュームに別々のポートやコントローラから接続されるように設定します。このような構成を組むことで、一方のポートやコントローラに障害が発生しても、もう一方のポートやコントローラからアクセスできるため、耐障害性が向上します。また、ポートやコントローラの負荷を分散させることで、性能の向上も可能です。ただし、マルチパス構成は、ストレージだけの設定では利用できません。サーバにマルチパスソフトを別途セットアップする必要があります。

2.1.3.1項で解説したように、サーバから見えるボリュームは、ストレージのターゲットポートのIQN/LUN/デバイスIDによって決まります。そのため、ストレージにてマルチパス構成を設定しただけでは、サーバが別々のボリュームとして認識してしまうのです。そして別々のボリュームとして認識したまま、同時に同じボリュームにデータを書き込めば、ボリューム上のデータを破損してしまいかねません。

そこで、サーバのマルチパスソフトによって別々のボリュームとして認識されているボリュームが同一であることを認識させ、1つのボリュームとして扱うようにします。このマルチパスソフトにて耐障害性を向上させる場合にはActive-Standbyと設定し、性能を向上させる場合にはActive-Activeに設定するのです。ただし、マルチパスソフトによってActive-Activeに設定するには、ストレージのコントローラもActive-Activeに対応している必要があります。

2.1.4 | レプリケーション

2.1.1節で解説したデータ保護技術は、ドライブの障害時におけるデータの保護を実現します。しかし、RAIDなどでドライブ障害によるデータ消失は防げても、ボリュームの障害やストレージの筐体単位での障害など、データ消失のリスクの要因はほかにも存在します。

これらの障害に備えて、大切なデータを様々な障害から守るために使われるのがボリュームを複製化するレプリケーションです。レプリケーションには、同一ストレージ筐体内での複製から別の筐体とまたがる複製まで、複数の種類があります。

ただし、どれか1つのレプリケーションのみを設定すれば、データ消失のリスクをすべて防げるわけではありません。データ消失が許されない重要なデータほど、どのような障害においてもデータを消失しないように、複数のレプリケーションを組み合わせて利用する必要があります。

2.1.4.1 特徴と種類

レプリケーションは、サーバで行う方法とストレージで行う方法があります。図2-16にサーバでのレプリケーションとストレージでのレプリケーションにおけるデータの流れを示しました。

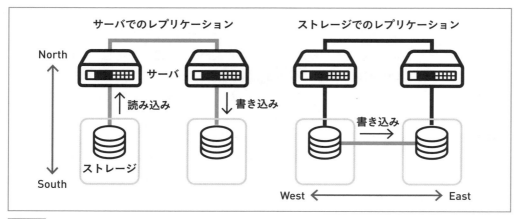

図2-16 サーバでのレプリケーションとストレージでのレプリケーション

　ストレージでのレプリケーションは、サーバでのレプリケーションに比べて次のような特徴があります。

・レプリケーションの処理をサーバのリソース（CPUやメモリなど）を使わずに実行できる
・ストレージ間のネットワーク（West-East）を利用することで、サーバが外部へサービスを
　提供するネットワーク（North-South）のトラヒック負荷を軽減できる

　これらの特徴により、ストレージでのレプリケーションは、サーバで動作するアプリケーションへの影響を少なくします。以降、本書ではストレージでのレプリケーションを中心に解説します。
　ストレージでのレプリケーションには、表2-2のようにタイプ・ローカル/リモート・同期タイプの組み合わせにより複数の種類があります。このように複数の種類が存在するのは、それぞれ特性が異なるためです。レプリケーションを利用するときは、どのようにデータを守るかによって使い分けたり、いくつかを組み合わせたりするのです。

表2-2 レプリケーションの種類

タイプ	ローカル / リモート	同期タイプ
ミラー	ローカル	同期
ミラー	ローカル	非同期
ミラー	リモート	同期
ミラー	リモート	非同期
クローン	ローカル	同期
クローン	ローカル	非同期
クローン	リモート	同期
クローン	リモート	非同期
スナップショット	ローカル	同期（完全）
スナップショット	ローカル	非同期（完全）
スナップショット	ローカル	同期（差分）
スナップショット	ローカル	非同期（差分）

　表2-2のレプリケーションをすべて備えているストレージは多くありません。ストレージの製品を選定するときには、どのようなレプリケーションを備えているかを確認するとよいでしょう。

　なお、表2-2には省略されていますが、「実行したタイミングにおいてのみにデータがターゲットへ送られるレプリケーション＝クローン」（2.1.4.4項で詳細に解説）にも、すべてのデータをコピーするものだけでなく、差分データや増分データのみを扱うものもあります。また、スナップショットの同期（完全）・非同期（完全）は、製品によっては、クローンの一部として提供されていることもあります。

2.1.4.2 ローカルとリモート

　ストレージの筐体内で行われるレプリケーションはローカル、筐体間をまたがって行われるレプリケーションはリモートと呼ばれます。また、レプリケーション元となるボリュームはソース（Source）、レプリケーション先となるボリュームはターゲット（Target）と呼ばれます。

　同一筐体内でレプリケーションが行われるローカルでは、データは高速に複製されます。ただし、同一筐体内のため、障害により筐体がダウンすると、ソースとターゲットの両方のボリュームが利用できなくなります。

　筐体間をまたがってレプリケーションが行われるリモートでは、データの複製速度がローカルよりも落ちます。またリモートでは、図2-17に示すように、筐体間を接続するネットワークにWest-Eastのトラヒックを考慮した設計が求められます。ただし、異なる筐体間のた

め、障害によりソースボリュームの筐体がダウンしても、ターゲットボリュームで即座にサービスを再開できます。

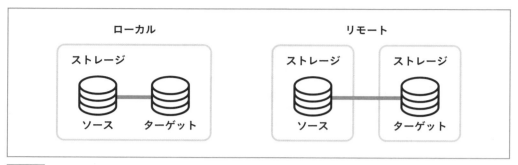

ローカルとリモート

　なお、リモートの場合、同一データセンター内のような近距離、100KM以上のような長距離など、距離に応じて異なるリモートレプリケーションの機能を提供しているストレージも少なくありません。このような長距離向けのレプリケーションの場合、ソースからターゲットへのデータ転送量を少しでも削減するため、転送前に圧縮や重複排除を行うものもあります。

　また、超長距離のレプリケーションでは、ストレージのリモートレプリケーションのサポート距離を超えてしまうことがあります。その場合は、マルチホップの構成を取ります。マルチホップでは、中継となるストレージを配置することで、リモートレプリケーションを実現するのです。

　中継のストレージは、図2-17のマルチホップ1に示すように1つのボリュームでターゲットとソースの両方を設定できるものもあれば、ターゲットとソースのどちらか一方しか設定できないものもあります。その場合、中継のストレージにてローカルレプリケーションを組んで対応します。

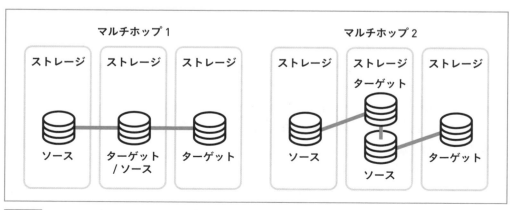

マルチホップ

なお、地震などの災害（ディザスター）に備えた長距離のレプリケーションは、ディザスタリカバリーと呼ばれます。

2.1.4.3 同期と非同期

ソースとターゲットの間では、データが送信されるタイミングを考慮する必要があります。また、送信のタイミングには同期（Sync、Synchronous）と非同期（Async、Asynchronous）があります。図2-19にサーバから書き込まれたデータが、どのタイミングでソースからターゲットのボリュームへデータ転送されるのかを示しました。

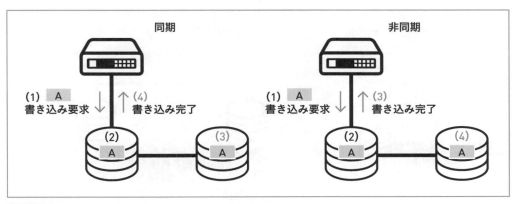

図2-19　同期と非同期

同期では、サーバからデータが書き込まれた際に、ソースボリュームだけでなくターゲットボリュームにもデータを書いた後、サーバへ書き込み終了を送ります。つまり、同期の場合、サーバにストレージからデータの書き込み完了のメッセージが返ってきたらターゲットボリュームへも書き込まれたことが保証されるのです。

そのため、障害が発生した場合も、必ずターゲットボリュームにもソースボリュームと同じデータが保存されています。ただし、ターゲットボリュームまでデータを書き込むため、書き込み速度が低下します。特に、リモートで利用する場合、ストレージ間のネットワークの性能に同期の速度が影響されるため、注意深く設計する必要があります。

非同期は、サーバからデータが書き込まれた際、ソースボリュームにデータを書いた後、サーバへ書き込み終了を送ります。その後、適切なタイミングでターゲットボリュームへデータが送られます。このタイミングは、レプリケーションピリオド（同期周期）として設定可能な場合、コントローラのCPU・メモリの空き状況次第で実行される場合など、ストレージによって異なります。

つまり、非同期の場合、サーバにストレージからデータの書き込み完了のメッセージが返ってきたときに保証されるのはソースボリュームに書き込まれたことのみであり、ターゲットボリュームへの書き込みは保証されません。障害が発生した場合、タイミングによっては

レプリケーションを組んでいてもターゲットボリュームにデータが送信されていないことも
あります。書き込み性能については、ソースボリュームのみしか書き込まれないため、書き
込み速度の低下は発生しません。

　このようにレプリケーションの同期・非同期については、耐障害性と性能の違いを考慮し
て選択するといいでしょう。

2.1.4.4　ミラーとクローン

　代表的なレプリケーションとして、ミラー（Mirror）とクローン（Clone）という2つのタ
イプがあります。

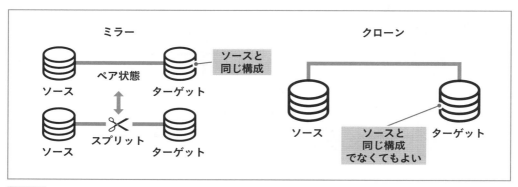

図2-20　ミラーとクローン

　ミラーは、ソースとターゲットのボリューム間でペア状態（Pair）を組むレプリケーショ
ンです。ペア状態では、ソースボリュームに書き込みがあれば、ターゲットボリュームにデ
ータを送信しています。ペア状態である場合、ソースボリューム以外からターゲットボリュ
ームに書き込みがあると、データが壊れてしまうため、ターゲットボリュームへの書き込み
は禁止されています。

　ストレージによっては、ターゲットボリュームのパス設定が禁止されているものもありま
す。また多くのストレージでは、安全なペア状態を保つため、ミラーのソースボリュームと
ターゲットボリュームの構成を同じにしなければなりません。

　例えば、ソースボリュームが高速なSSDで構成され、ターゲットボリュームが低速なHDD
で構成されたと仮定します。この場合、ソースボリュームに書き込まれたデータをターゲッ
トボリュームへ送り書き込む際、その性能差からデータの書き込みが遅延し続けます。最悪
の場合、メモリ溢れなどが発生し、ペア状態を維持できなくなるのです。このようなことが
起こらないように、ほとんどのストレージでは、同じ構成のみでしかミラーを設定できませ
ん。

　このペア状態を解除する操作はスプリット（Split）と呼ばれます。スプリットされると、ソ
ースボリュームのデータはターゲットボリュームへ送信されなくなります。つまり、ターゲ

ットボリュームはスプリットした時点のデータが格納された状態となります。このスプリットを行ったターゲットボリュームは、書き込みの許可やパス設定が可能となるのです。

　クローンは、実行したタイミングでのみデータがターゲットへ送られるレプリケーションです。つまり、ターゲットボリュームはクローンを実行した時点のデータが格納された状態となります。ストレージによってはクローンを実行すると、単なるデータのコピーが行われるものもあります。また、ミラーとは異なりペア状態ではないため、ソースボリュームよりも容量の大きいターゲットボリュームであれば、クローンは可能です。

2.1.4.5 スナップショット

　スナップショットとは、ポイントインタイムコピーとも呼ばれ、実行された時点のデータをボリュームとは別領域へとコピーする機能です。表2-2に示すようにスナップショットには、データを完全（Full）にコピーするものと差分（Delta）のデータのみコピーするものがあります。

　ただし、完全（Full）にコピーされるものはクローンとほぼ同様となるため、差分データのみをコピーするストレージがほとんどです。そのため本書では、スナップショットとは差分データのみコピーする機能を指します。

　多くのスナップショットは、CoW（Copy on Write）と呼ばれる技術で実現されています。CoWは、ボリュームへデータ書き込みがあったタイミングで、書き込まれたデータを別領域へコピーします。このCoWにより、スナップショットが実行された時点のデータを復元できるようにデータを保持します。なお、この別領域については、別ストレージプールとして設定するものやボリュームのメタデータ領域として設定するものなど、ストレージによって異なります。

　スナップショットによるデータ保持の例を図2-21に示します。

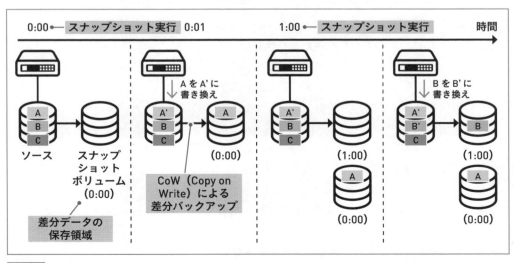

図2-21　スナップショット

図2-21を例に、スナップショットの動きを解説します。まず、0:00にスナップショットを実行したとします。スナップショットを実行すると、差分データを格納する領域が確保されます。その後、サーバからデータAがA'に書き換えられると、CoWにてデータAが保存領域へコピーされます。

　1:00に再度スナップショットを実行すると、0:00のときとは別の差分データを格納する領域が確保されます。その後、データBがB'に書き換えられて、CoWにて1:00時点のデータであったデータBが1:00に確保された保存領域へとコピーされます。このように、スナップショットを実行した時点で各々の保存領域を作成し、CoWによって各領域へデータをコピーするのです。

　復元（リストア）では、ソースボリュームのデータと各保存領域のデータを組み合わせることにより、指定された時点のデータに復元します。0:00時点のデータに復元する場合、0:00と1:00の保存領域に格納されたデータをソースボリュームのデータに上書きし、0:00時点のデータを作ります。また1:00時点のデータに復元する場合、1:00の保存領域に格納されたデータをソースボリュームのデータに上書きし、1:00時点のデータを作ります。

　この復元されたボリュームについては、サーバからのアクセス権の設定が読み込みのみしか許可されないものや書き込みも許可されるものなど、ストレージによって異なります。特に、復元されたボリュームへの書き込みを許可するものはライタブルスナップショット（Writable Snapshot）と呼ばれます。

　スナップショットにおける削除操作では、スナップショットの保存領域が削除されます。保存領域の削除では、削除前に近接する保存領域のマージが行われ、過去の時点のデータを消失しないようにします。図2-21の例において、0:00と1:00の時点のスナップショットの保存領域が存在する状態で0:00の保存領域を削除したとします。この場合、0:00の保存領域に格納されていたデータAは、1:00の保存領域へコピーした後、0:00の保存領域が削除されます。なお、保存領域のマージ処理はストレージによって、中間時点の保存領域を削除できるもの、最古の保存領域しか削除できないものなど、実装が様々であるため注意が必要です。

　スナップショットには、次のような利点があります。

・差分データのみ保存するため消費するドライブ容量が少なくてすむ
・保存領域だけ確保すればよいため、スナップショットの実行時間はミラーやクローンなどと比べて短い

　一方でスナップショットには、次のような欠点があります。

・復元する場合にはソースボリュームへアクセスされるため、ソースボリューム自身の性能が低下する
・ソースボリュームに障害が発生した場合には復元できない

・差分データが多くなると復元に時間がかかる

　このような利点や欠点のあるスナップショットですが、ある時点のデータをバックアップデータとして作成し、別筐体のストレージへバックアップする場合など、多くのユースケースにおいて利用されます。

2.2 ファイルストレージ

　ファイルストレージは、複数のサーバ間でファイルを共有することを主目的としたストレージです。そのため、ファイルシステムとファイル共有という機能を備えています。ファイルストレージの構成図を図2-22に示します。

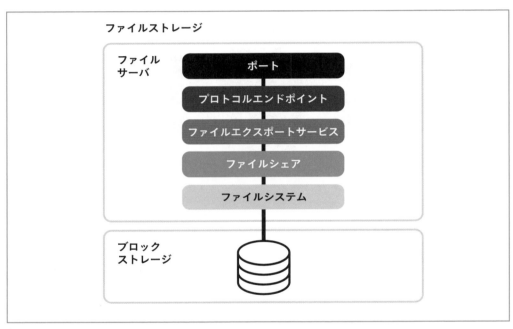

図2-22　ファイルストレージの構成図

　ファイルストレージは主に次のコンポーネントで構成されます。

●**ファイルサーバ（File Server）**
　・ポート（Port）
　・プロトコルエンドポイント（Protocol EndPoint）
　・ファイルエクスポートサービス（File Export Service）
　・ファイルシェア（File Share）
　・ファイルシステム（File System）
●**ブロックストレージ（Block Storage）**

ファイルストレージは、ファイルシステムやファイル共有を提供するためのファイルサーバと、データを格納するためのブロックストレージから構成されます。ブロックストレージから提供されたボリュームを、ファイルストレージ内部でファイルサーバにて利用します。ファイルサーバでは、このボリューム上にファイルシステムを作成し、ファイル管理を行った上で、ファイル共有のプロトコルを使ってサーバへ提供します。

まず、フロントエンドとなるファイルサーバについて説明します。ファイルサーバは、通常のサーバと同じくOSが稼働しファイルストレージに必要なソフトウェアが実行されています。ストレージによっては、専用OSを独自に開発し実行しているものや、Linuxなどの汎用OSを採用しているものがあります。

ポートは、物理的なコンポーネントであり、Ethernetを接続する口です。このポートの論理的なコンポーネントがプロトコルエンドポイントです。プロトコルエンドポイントでは、IPアドレスやポート番号といったサーバがアクセスする際の識別子を管理しています。

ファイルエクスポートサービスは、ファイル共有を行うサービスを管理する論理的なコンポーネントです。代表的なファイル共有を行うサービスとして、Linuxなどで利用されているNFSやWindowsなどで利用されているSMB/CIFSがあります。このファイルエクスポートサービスでファイル共有を行うときのファイルやディレクトリ情報を管理するのがファイルシェアです。

ファイルシステムは、ファイルやディレクトリを管理します。代表的なファイルシステムとしてはLinuxなどで利用されているext4やxfs、Windowsなどで利用されているNTFSなどがあります。またファイルシステムには、ストレージによっては独自のファイルシステムを備えることで、特徴を出している製品もあります。

なお、バックエンドとなるブロックストレージについては、2.1節を参照ください。

2.2.1 | ファイルシステム

ブロックストレージから提供されるボリュームには、「ファイル」の概念がありません。LBAでアクセスできる単なる器なのです。ファイルシステムは、単なる器であるブロックストレージ上に、ユーザーがストレージを利用しやすくするためのリソースとして、「ファイル」を作成し、管理します。ここで、多くのファイルシステムが採用している共通アーキテクチャの概要を図2-23に示し、解説しましょう。

ストレージのアーキテクチャ

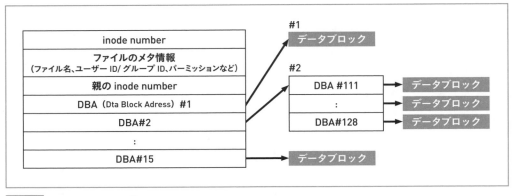

図2-23 ファイルシステムの概要

　まず、ファイルシステムには、ファイルやディレクトリを管理するためのデータとしてinodeと呼ばれる管理データがあります。このinodeは、ファイル名、ファイルの所有者、所有グループのID、そしてアクセス権（パーミッション）といったファイルの属性情報を保有しています。

　inodeはまた、自分の親のinode numberも保有します。例えば、親のinode numberに、ディレクトリAのinode numberが格納されている場合、そのinodeのファイルはディレクトリAの配下にあることを表します。さらに、inodeは、実際のデータを格納している領域のアドレス（LBA）であるDBA（Data Block Address）を持ちます。サイズの大きなファイルの場合、DBAの管理テーブルを多段構造にして、数多くのDBAを割り当てるのです。

　このようにinodeによって、ファイルの属性とデータが格納されているアドレスを使って「ファイル」という概念が生み出されています。なお、「ディレクトリ」もinodeで管理されています。inodeのDBAに、そのディレクトリに存在するファイルのinodeのアドレスを格納することで、「ディレクトリ」を管理しているのです。

　ファイルシステムではinodeを使い、「ファイル」という意味のある単位でのデータの格納領域のまとまりをブロックストレージ上に実現します。このファイルシステムを作成して初期化する操作は、フォーマット（論理フォーマット）と呼ばれます。

2.2.2 ファイル共有とロック

　ファイルストレージでは、ファイルシステムによって作られたファイルやディレクトリを、複数のサーバからアクセスできるようにしています。これは、ファイル共有と呼ばれます。ファイル共有は、ファイルシステムを持たないブロックストレージでは利用できません。

　ファイル共有では、データだけではなくファイルシステムで管理されているファイルのメタ情報も共有されます。ただし、ファイルを共有するサーバが同じネームサービスで管理されていない場合には注意が必要です。ネームサービスとは、ユーザー名/ユーザーID・グル

ープ名/グループIDなどを共有し、複数サーバ間で同じユーザー名やグループ名を共有するサービスです。代表的なものにLDAPやActiveDirectoryがあります。ネームサービスを利用していない環境では、設定されたOS内に閉じているため、複数サーバでは共有されません。

　そのため、ファイルストレージでファイル共有をする際には、ネームサービスの設定が重要になります。図2-24に、異なるネームサービスが設定されたサーバ間にてファイル共有を行った例を示します。

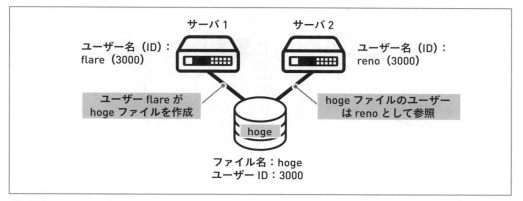

図2-24　異なるネームサービスでのファイル共有の例

　図2-24の例では、サーバ1のユーザーflareがhogeファイルを作成しています。そのとき、ファイルストレージ上のファイルシステムでは、ファイルのメタ情報に作成したユーザー名であるflareのユーザーID3000で保存されます。このhogeファイルをサーバ2から参照した場合、ユーザーID3000のユーザーrenoが所有者として見えます。これは、ファイルシステムではIDでファイルの所有者をメタ情報として管理しているためです。

　当然、各サーバでユーザーID/グループIDに異なるユーザー名/グループ名を設定している場合には、共有したファイルの情報も異なって見えます。そして、多くのOSやアプリケーションがファイルのユーザーやグループを操作する場合、ユーザー名やグループ名を利用することが多いため、このような環境では障害を起こしやすくなるでしょう。

　そのため、ファイル共有を行うサーバは、同一のネームサービスで管理することをお勧めします。なお、LinuxとWindowsのように異なるOS間（ファイルシステム間）では、パーミッションなども意味が異なるため、ファイル共有では注意が必要です。

　次に、複数サーバ間でファイル共有した場合に、データを壊さないために必要となるロックについて説明します。ブロックストレージの場合、サーバから書き込みや読み込みを実施する際、複数サーバによって同時に書き込むことでデータを壊さないようにするためのロック機構を持っていません。そのため、ブロックストレージでは、1つのサーバからしか書き込みが行われないように、1台のサーバにしか書き込みを許可しないようにパスを適切に設定する必要があります。

これに対して、ファイルストレージでは、サーバがファイルをオープンする際に指定されたロック情報を他のサーバへ通知する機能を有します。具体的には、OSにてファイルをオープンするシステムコールopenなどで指定されるロック情報をファイル共有のプロトコルにて通知します。

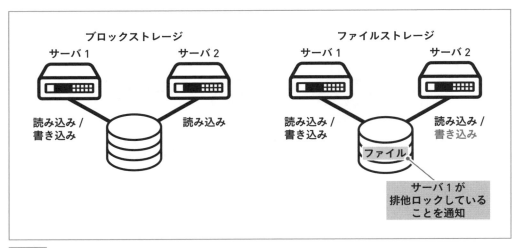

ブロックストレージ
サーバ1　　　　　　　サーバ2

読み込み /　　　　　読み込み
書き込み

ファイルストレージ
サーバ1　　　　　　　サーバ2

読み込み /　　　　　読み込み /
書き込み　　　　　　書き込み

ファイル

サーバ1が
排他ロックしている
ことを通知

図2-25　ロック

　ファイルエクスポートサービスでは、このロック情報を複数サーバ間にて通知し合う仕組みによって、複数サーバが同時に同じファイルに書き込みを行って、ファイルを破壊してしまうことを防ぎます。代表的なロック機構のプログラムに、NFSのNetworkLockManagerがあります。
　このように、ファイルストレージではファイル共有とロックの仕組みによって、安全な複数サーバ間でのファイル共有を実現しているのです。

2.3 オブジェクトストレージ

　オブジェクトストレージは、画像・動画やバックアップデータなどサイズの大きなファイルを保存することを主目的としたストレージです。ファイルストレージのようにファイルシステムに依存したデータ管理ではなく、オブジェクトという独自形式にて管理することで、大量かつ巨大なファイルを扱いやすくしています。

　また、プロトコルとして主にHTTP/HTTPSを採用している製品が多いのもオブジェクトストレージの特徴です。そのためオブジェクトストレージは、性能面ではファイルストレージに劣ることが多いものの、ファイアウォールなどを超えやすく、しばしばインターネットを介したファイル共有で利用されます。オブジェクトストレージの構成図を図2-26に示します。

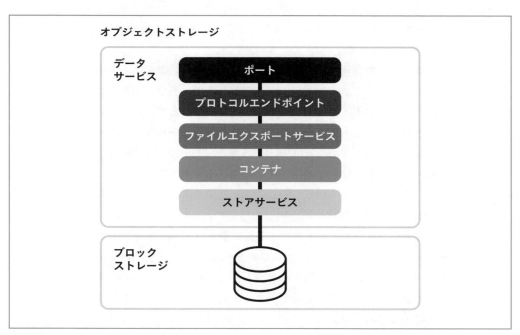

図2-26　オブジェクトストレージの構成図

　オブジェクトストレージは主に次のコンポーネントで構成されます。

●**データサービス（Data Service）**
・ポート（Port）
・プロトコルエンドポイント（Protocol EndPoint）
・ファイルエクスポートサービス（File Export Service）
・コンテナ（Container）
・ストアサービス（Store Service）
●**ブロックストレージ（Block Storage）**

　オブジェクトストレージは、オブジェクトとして保存し共有するためのデータサービスと、データを格納するためのブロックストレージで構成されます。ブロックストレージから提供されたボリュームを、オブジェクトストレージ内部でデータサービスが利用します。データサービスでは、このボリューム上にKey-Value Storeのデータベースであるストアサービスを構築し、データを管理するのです。

　まず、フロントエンドとなるデータサービスについて説明します。データサービスは、通常のサーバと同じくOSが稼働し、オブジェクトストレージに必要なソフトウェアが実行されます。ストレージによっては、専用OSを独自に開発して実行している製品や、Linuxなどの汎用OSを採用している製品もあります。

　ポートは、物理的なコンポーネントでEthernetを接続する口です。このポートの論理的なコンポーネントがプロトコルエンドポイントです。プロトコルエンドポイントでは、サーバからアクセスされる際のアクセスポイントとなるURIを管理しています。

　ファイルエクスポートサービスは、オブジェクトの共有を行うサービスを管理するコンポーネントです。代表的なプロトコルであるHTTP/HTTPSを使ったRESTful APIを提供し、データ操作には、CRUD[1]オペレーションを採用しているものも少なくありません。RESTful APIは多くのWebサービスで利用されており、同じプロトコルでストレージにアクセスできるためWebサービスから利用される傾向が高いのも特徴です。

　コンテナは、データをオブジェクトとして格納する際の器となる論理的なコンポーネントです。オブジェクトストレージのコンテナは、DockerやKubernetesで使われているコンテナとは別物です。製品やサービスによっては、バケットと呼ばれることもあります。

　ストアサービスは、オブジェクトを格納するデータベースです。オブジェクトストレージの多くはデータベースにKey-Value Storeのデータベースを採用しています。

　バックエンドとなるブロックストレージについては、2.1節を参照ください。

※1　CRUD：Create、Read、Update、Delete の頭文字をとった略語。

2.3.1 | Key-Value Store

　オブジェクトストレージでは、サーバから書き込まれたデータをオブジェクトという単位に分割し、Key-Value Store のデータベースに格納して管理します。

　ファイルストレージでは、データを「ファイル」というリソースに分けて、ファイルシステムで管理していました。しかし、2.2.1 節で述べたようにファイルシステムは inode にてファイルを表現して管理しています。そのため、1 ファイルあたりの最大サイズや格納できるファイル数に制限が生じます。さらに、ファイルシステムではツリー構造にて inode が管理されるため、ファイル数や巨大なサイズのファイルが増加すると inode 数が増加し、検索性能が低下します。

　それに対し、オブジェクトストレージでは、データを ID である Key とデータ本体である Value に分け、Key-Value Store のデータベースで管理します。データベースでは、ハッシュコードに基づいて ID を使って検索するため、オブジェクト数や巨大サイズのオブジェクトが増えても、検索性能の低下はほぼ発生しません。Key-Value Store のデータベースには、ベンダーが独自開発した製品のほか、オープンソース・ソフトウェアの Cassandra や Redis などがあります。

　データベースに格納する際のモデルは、製品の特徴を出すため、ストレージごとにすべて異なります。本書では、概念を理解してもらうため、SNIA が策定するオブジェクトストレージのリファレンスモデルである CDMI（Cloud Data Management Interface）を例に、図2-27 を用いて解説します。

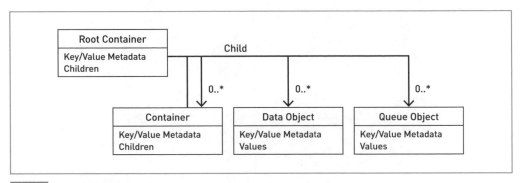

図2-27 CDMI オブジェクトモデル

●**ルートコンテナ（Root Container）**
　・コンテナのトップとなるオブジェクトである
●**コンテナ（Container）**
　・コンテナは0個以上の子オブジェクトを持ち、コンテナ全体に関連するメタデータを格納する

・コンテナはデータを保存せず、ファイルシステムにおけるディレクトリに似た機能を示すオブジェクトである

●**データオブジェクト（Data Object）**

・データオブジェクトは、データおよび関連するメタデータを格納する
・データオブジェクトは、ファイルシステムにおけるファイルと同様の機能を示す

●**キューオブジェクト（Queue Object）**

・キューオブジェクトは、0個以上のデータおよび関連するメタデータを格納する
・データオブジェクトと似た機能だが、FIFOでアクセスする値についてはキューオブジェクトを使う

　このように、ルートコンテナやコンテナが器となり、データオブジェクトやキューオブジェクトがデータを保存します。データオブジェクトとキューオブジェクトは似た機能ですが、データを書き込んだ順番を保証するときには、キューオブジェクトを利用します。また、各オブジェクトではメタデータとしてアクセス権の情報を持っており、特定のクライアントのみにアクセスを許可することなどに使われます。

　このようにオブジェクトストレージでは、内部に備えたKey-Value Storeのデータベース上に、シンプルなモデルでオブジェクトとしてデータが管理されるのです。

chapter 3

ベアメタルサーバ/
VMでの使い方

本章では、ストレージを使うユーザが、ベアメタルサーバやVMからストレージのボリュームを認識し、データを読み書きできるようにセットアップする方法を説明します。セットアップ方法で基本となるのは、VMなどを利用しない素のOSを利用するベアメタルサーバです。そこで、まずはベアメタルサーバでのセットアップ方法を解説し、次にVMを説明します。

なお、オブジェクトストレージはWebブラウザや専用クライアントソフトから利用されることが多いため、本章で解説するのはブロックストレージ（iSCSI）とファイルストレージ（NFS）となります。

ベアメタルサーバからの利用方法

　まずは、ベアメタルサーバからストレージのボリュームを利用する方法について解説しましょう。図3-1に、ベアメタルサーバでストレージのボリュームを使うまでのセットアップの流れを示します。

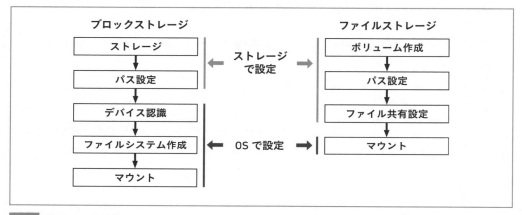

図3-1 セットアップの流れ

　まず最初に、ブロックストレージとファイルストレージのストレージ上にボリュームを作成してパスを設定します。このボリューム作成とパス設定については、ストレージや専用のストレージ管理ソフトごとに設定方法が異なります。ファイルストレージの場合、パス設定の後、ファイル共有を設定します。利用するストレージのドキュメントを参照し、ボリューム作成・パス設定・ファイル共有設定を行います。

　次に、ブロックストレージの場合は、ボリュームを利用するOSへログインし、ボリュームをデバイスとして認識させます。デバイスとして認識させるには、ストレージのボリュームを見つけ出すディスカバリーとOSのデバイスとして接続するアタッチという2つの操作を実施します。

　OSのデバイスとして接続した後、デバイス上にファイルシステムを作成します。このデバイス認識とファイルシステム作成はブロックストレージの場合にのみ必要な操作です。ファイルストレージでは、あらかじめファイルシステムが作成されて提供されるためです。

　最後に、ファイルシステムを作成したデバイスをマウントすることで、ユーザーが利用できるようになります。

OSのデバイスとして接続した後、必要に応じて2.1.3.2項にて解説したマルチパスソフトやLVM（Logical Volume Manager）を設定します。

LVMは、OSのデバイスとして接続した複数ボリュームをボリュームグループ（Volume Group）として管理し、そこから論理ボリュームを切り出します。LVMを使うことで、システムを停止することなく、論理ボリュームのサイズを拡張 / 縮小できるようになります。

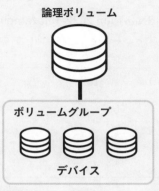

図3-2 LVM

ボリュームのサイズ拡張をサポートしていないストレージの場合には、LVMを使ってサイズ拡張を実現するのです。

3.1.1 ブロックストレージ（iSCSI）の利用例

ブロックストレージ（iSCSI）の利用例を紹介しましょう。この利用例では、あらかじめストレージで設定する必要のあるボリューム作成とパス設定は完了しているものとして説明します。また、ストレージとサーバを接続するネットワークについても、サーバ-ストレージ間の通信が可能となっていることを前提とします。

3.1.1.1 Linuxからのブロックストレージ（iSCSI）の利用例

使用するOSは以下の通りです。

● Ubuntu 22.04

事前に、iSCSI イニシエーターのソフト（open-iscsi）のインストールが必要です。

```
$ sudo apt-get update
$ sudo apt-get install open-iscsi -y
```

（1）デバイス認識

iscsiadmコマンドを使い、ストレージをディスカバリします。このとき、ストレージのターゲットポートのIPアドレス（例：192.168.0.114）を指定します。

```
$ sudo iscsiadm -m discovery -t sendtargets -p 192.168.0.114
192.168.0.114:3260,1 iqn.2022-10.example.com:lun1
```

ディスカバリが成功すると、ストレージのターゲットポートのIQN（例：iqn.2022-10.example.com）とLUN（例：lun1）が返ってきます。そして、見つけたストレージへログインします。

```
$ sudo iscsiadm -m node --targetname iqn.2022-10.example.com:lun1 --login
Logging in to [iface: default, target: iqn.2022-10.example.com:lun1,
portal:192.168.0.114,3260]
Login to [iface: default, target: iqn.2022-10.example.com:lun1,
portal:192.168.0.114,3260] successful.
```

ログインに成功すると、ストレージのボリュームがOSにアタッチされてデバイスが作成されます。このアタッチについては、dmesgのログで確認できます。

```
$ sudo dmesg
...
[970.449533] Loading iSCSI transport class v2.0-870.
[970.481511] iscsi: registered transport (tcp)
[1390.471383] scsi host3: iSCSI Initiator over TCP/IP
[1390.507495] scsi 3:0:0:0: RAID IET Controller 0001 PQ: 0 ANSI: 5
[1390.510325] scsi 3:0:0:0: Attached scsi generic sg2 type 12
[1390.513530] scsi 3:0:0:1: Direct-Access IET VIRTUAL-DISK 0001 PQ: 0ANSI: 5
[1390.525331] sd 3:0:0:1: Attached scsi generic sg3 type 0
[1390.526841] sd 3:0:0:1: Power-on or device reset occurred
[1390.535916] sd 3:0:0:1: [sdb] 20971520 512-byte logical blocks: (10.7 GB/10.0 GiB)
[1390.537154] sd 3:0:0:1: [sdb] Write Protect is off
[1390.537158] sd 3:0:0:1: [sdb] Mode Sense: 69 00 10 08
[1390.537959] sd 3:0:0:1: [sdb] Write cache: enabled, read cache: enabled, supports DPO
and FUA
[1390.566963] sdb:
[1390.579089] sd 3:0:0:1: [sdb] Attached SCSI disk
```

また、作成されたデバイス（例:sdb）はlsblkコマンドでも確認できます。

```
$ lsblk --scsi
NAME HCTL TYPE VENDOR MODEL REV SERIAL TRAN
...
sdb 3:0:0:1 disk IET VIRTUAL-DISK 0001 beaf11 iscsi
```

（2）ファイルシステム作成

アタッチされたデバイスに、mkfsコマンドを使ってファイルシステムを作成します。この例では、ファイルシステムとしてext4を作成します。

```
$ sudo mkfs -t ext4 /dev/sdb
mke2fs 1.46.5 (30-Dec-2021)
...
Allocating group tables: done
Writing inode tables: done
Creating journal (16384 blocks): done
Writing superblocks and filesystem accounting information: done
```

（3）マウント

ファイルシステムを作成したデバイス（例:/dev/sdb）をマウントします。この例では、/mntディレクトリにマウントします。

```
$ sudo mount -t ext4 /dev/sdb /mnt
```

マウントしたデバイスはdfコマンドで容量を確認できます。

```
$ df -h
Filesystem      Size  Used Avail Use% Mounted on
...
/dev/sdb        9.8G   24K  9.3G   1% /mnt
```

なお、ストレージ上に作成したボリュームは10Gですが、ファイルシステムの管理データが書き込まれるため、ユーザーが利用できる容量は若干小さくなります。また、OSを再起動しても自動でマウントされるように/etc/fstabファイルに以下の設定を追加します。

```
$ sudo vi /etc/fstab
...
/dev/sdb /mnt ext4 defaults 0 0
```

各列にはそれぞれ以下を指定します。

● **1列目：デバイス**
● **2列目：マウント先**
● **3列目：ファイルシステム名**
● **4列目：マウントオプション**
　　・この例ではデフォルト（defaults）を指定
　　・マウントオプションについては、ext4やmountコマンドのドキュメントを参照
● **5列目：dumpによるチェックの指定**
　　・この例では無効（0）を指定
　　　　・dumpの詳細については、dumpコマンドのドキュメントを参照
● **6列目：fsckによるチェックする順番**
　　・この例では無効（0）を指定
　　・ルートディレクトリ（/）は1を指定し、その他のディレクトリは2以降もしくは0の指定
　　　が推奨
　　　　・fsckの詳細については、fsckコマンドのドキュメントを参照

3.1.1.2 Windowsからのブロックストレージ（iSCSI）の利用例

使用するOSは以下の通りです。

● **Windows10 Pro**

（1）デバイス認識

"Windows管理ツール"の中にある"iSCSIイニシエーター"を起動します。

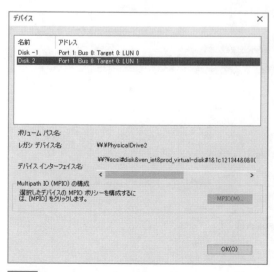

図3-3 iSCSI イニシエーター

　クイック接続のターゲットに、ストレージのターゲットポートのIPアドレス（例
:192.168.0.114）を指定し、"クイック接続"を選択します。ストレージが見つかり、続いて
ターゲットポートに接続されているボリュームを選択すると、デバイスへアタッチするダイ
アログが表示されます。この例では、Disk2というデバイスにLUN1のボリュームをアタッチ
します。

図3-4 iSCSI イニシエーター（アタッチ）

アタッチが成功すると、クイック接続が完了します。

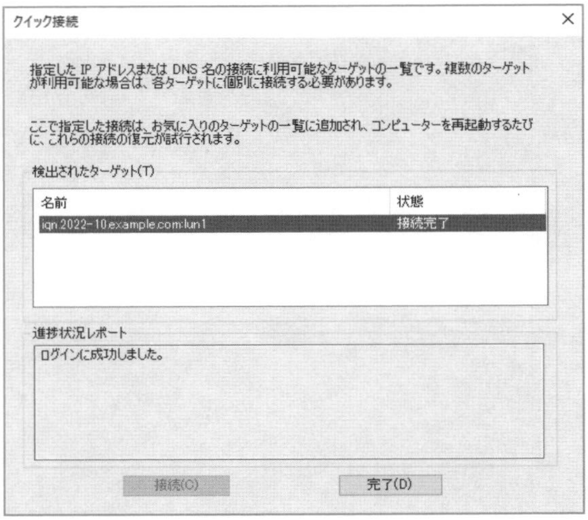

図3-5　iSCSI イニシエーター（クイック接続完了）

（2）ファイルシステム作成、マウント

　Windowsでは、ファイルシステム作成とマウントを同時に設定するため、併せて説明しましょう。"コンピュータの管理"->"記憶域"->"ディスクの管理"を選択します。このとき、"ディスクの管理"にて初期化していないディスクが見つかれば、"ディスクの初期化"のダイアログが表示されます。

図3-6　コンピュータの管理 / ディスクの管理

ディスクの初期化では、iSCSIイニシエーターにてアタッチしたデバイス（例：Disk2）を選択し、初期化します。この初期化により、ディスクのパーティション情報が書き込まれます。まだ、この状態では、ファイルシステムが作成されていないため、ディスク2は未割り当てとなっています。

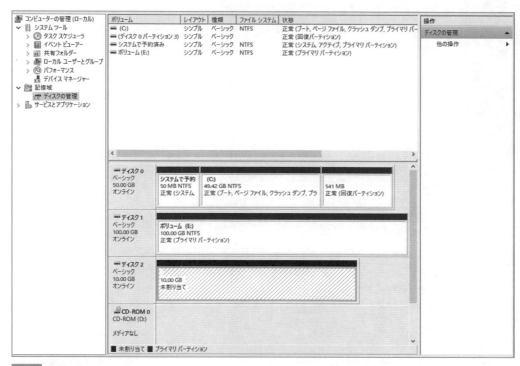

図3-7 未割り当ての状態

このディスク2を選択して、右クリックにて"新しいシンプルボリューム"を選択します。

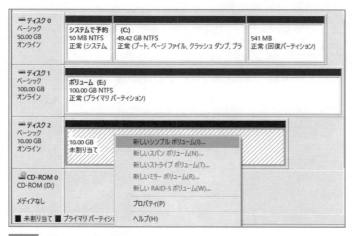

図3-8 新しいシンプルボリューム

新しいシンプルボリュームのウィザードが開始します。

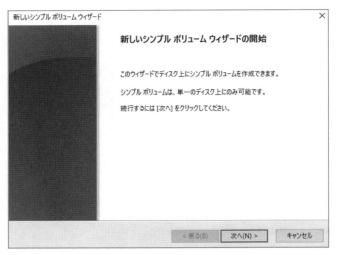

図3-9 新しいシンプルボリュームのウィザード（開始）

利用するボリュームのサイズを指定します。

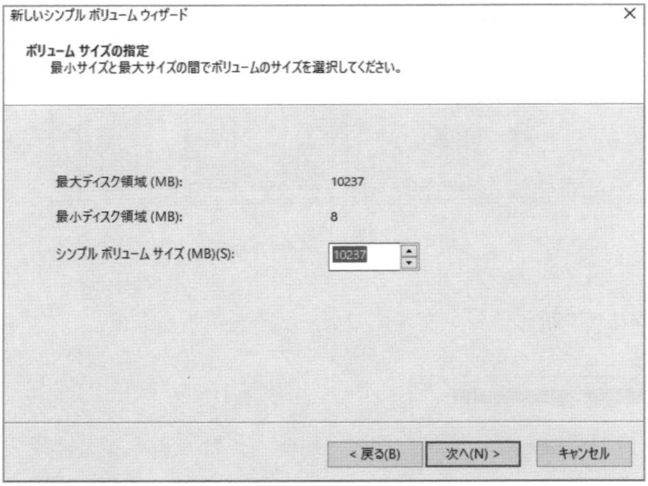

新しいシンプル ボリューム ウィザード   ✕

ボリューム サイズの指定
最小サイズと最大サイズの間でボリュームのサイズを選択してください。

最大ディスク領域 (MB):   10237

最小ディスク領域 (MB):   8

シンプル ボリューム サイズ (MB)(S):   10237

         < 戻る(B)   次へ(N) >   キャンセル

図3-10 新しいシンプルボリュームのウィザード（ボリュームサイズの指定）

次に、マウント先となるドライブを指定します。

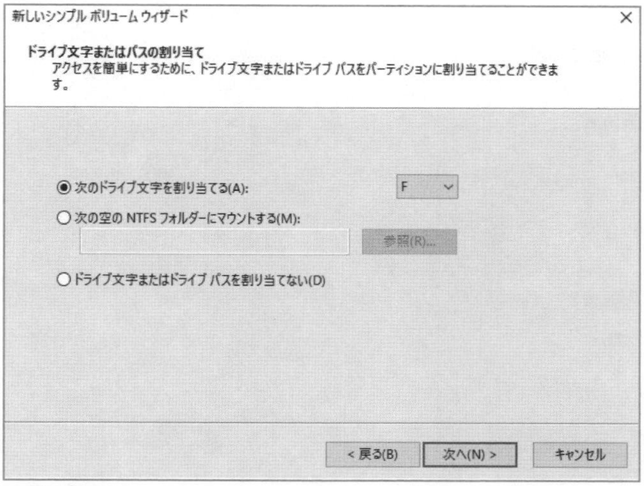

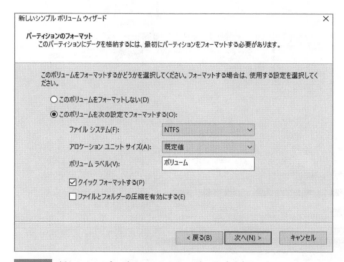

図3-11　新しいシンプルボリュームのウィザード（ドライブ文字の割り当て）

フォーマットするファイルシステムを選択します。この例では、NTFSを選択します。

図3-12　新しいシンプルボリュームのウィザード（パーティションのフォーマット）

フォーマットとマウントが完了するとウィザードが完了します。

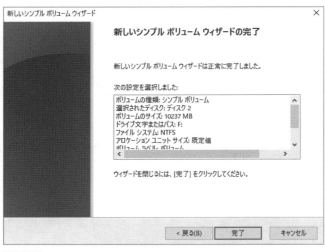

図3-13　新しいシンプルボリュームのウィザード（完了）

　"ディスクの管理"で確認すると"ディスク2"がNTFSでフォーマットされ、Fドライブに
マウントされていることがわかります。

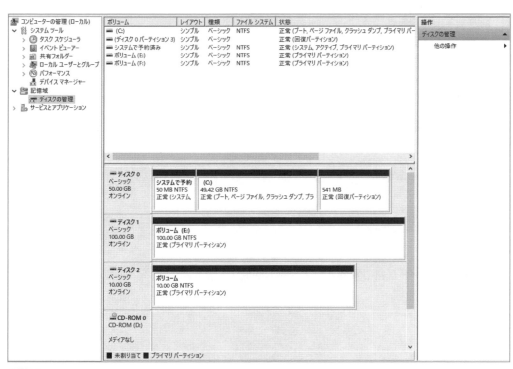

図3-14　割り当て済みの状態

3.1.2 ファイルストレージ（NFS、SMB）の利用例

ファイルストレージの利用例を紹介しましょう。この利用例では、あらかじめストレージで設定する必要のあるボリューム作成とパス設定およびファイル共有設定は完了しているものとして説明します。また、ストレージとサーバを接続するネットワークについても、サーバ-ストレージ間の通信が可能となっていることを前提とします。

3.1.2.1 Linuxからのファイルストレージ（NFS）の利用例

Linuxでのファイル共有ではNFSを使用します。使用するOSは以下の通りです。

● Ubuntu 22.04

事前に、NFSClientのソフトのインストールが必要です。

```
$ sudo apt-get update
$ sudo apt-get install nfs-common -y
```

（2）マウント

NFSではファイルストレージによってファイルシステムが提供されるため、デバイス認識やファイルシステムの作成は必要ないため、すぐにマウントが可能です。この例では、ストレージのIPアドレス（192.168.0.3）でファイル共有されているディレクトリ/homeをOSの/mntにマウントします。

```
$ sudo mount -t nfs 192.168.0.3:/home /mnt
```

マウントしたディレクトリはdfコマンドで容量を確認できます。

```
$ df -h
Filesystem          Size  Used  Avail  Use%  Mounted on
...
192.168.0.3:/home   15G  6.6G  7.4G   48%   /mnt
```

必要に応じてブロックストレージと同様に/etc/fstabに設定を追加すると、OS起動時に自動でマウントします。

```
$ sudo vi /etc/fstab

...

192.168.0.3:/home /mnt nfs defaults 0 0
```

3.1.2.2 Windowsからのファイルストレージ（SMB）の利用例

WindowsでのファイルストレージではSMBを使用します。使用するOSは以下の通りです。

● **Windows10 Pro**

(1) マウント

SMBもNFSと同様にすぐにマウントが可能です。エクスプローラを開き、アドレスにストレージのIPアドレスである¥¥192.168.0.3を入力します。IPアドレスの前に¥¥もしくは\\を付けることで、SMBのアクセスとなります。

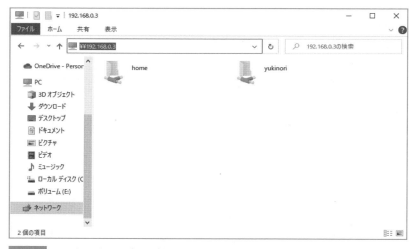

図3-15　ファイルストレージへのアクセス

ActiveDirectoryなどによりストレージとOSの認証情報が連携されていない場合には、ユーザー認証を求められることがあります。

ストレージで設定しているユーザー名、パスワードを入力します。ストレージにアクセスが成功すると共有しているディレクトリが参照できます。

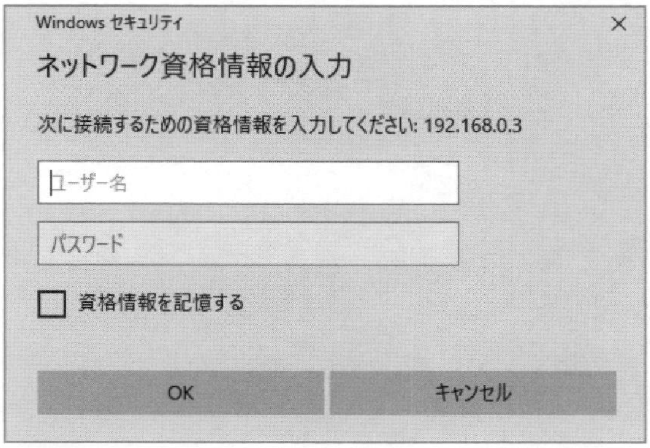

Windows セキュリティ		×

ネットワーク資格情報の入力

次に接続するための資格情報を入力してください: 192.168.0.3

ユーザー名

パスワード

☐ 資格情報を記憶する

OK	キャンセル

図3-16 ユーザー認証

　ドライブへマウントする（割り当てる）ディレクトリ上で右クリックして、"ネットワークドライブの割り当て"を選択します。

図3-17 ドライブへの割り当て 1

割り当てるドライブ文字を指定します。

図3-18　ドライブへの割り当て2

　エクスプローラを開き、ドライブを確認すると、¥¥192.168.0.3¥homeがZドライブにマウントされていることが確認できます。

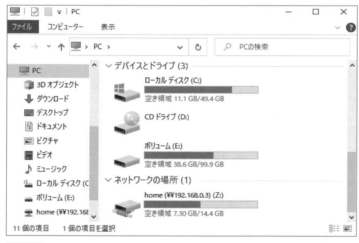

図3-19　ドライブへの割り当て3

3.2 VMからの利用方法

　VM上のゲストOSからストレージのボリュームを利用する方法について解説します。仮想環境では、多くの場合、複数のHypervisorやVMを管理するためにVM管理ソフト（VM Management Software）を利用します。

　代表的なOSSのVM管理ソフトに、OpenStackなどがあります。OpenStackでは、HypervisorやVMだけでなく、それらが利用するストレージについても管理可能です。また、これらのVM管理ソフトはストレージを管理するため、ストレージに対してボリュームの作成やパスの割り当てなどの機能を提供しています。

　ストレージ-VM管理ソフト間の通信には、コントロールプレーンのAPIとしてベンダー独自のプロトコルやストレージ管理の標準I/FであるSMI-Sなどが利用されています。ただし残念ながら、VM管理ソフトには標準仕様や規格はなく、サポートするストレージ管理の機能や操作方法は各ソフトで異なります。また、VM管理ソフトが提供するのはあくまで管理操作だけであり、実際にデータの読み書きを行うのはデータプレーンのプロトコルであるiSCSIやNFSなどとなります。

　これらコントロールプレーンとデータプレーンのネットワークは別々のネットワークとして構築され、必要のないサーバやユーザーに公開しないことでセキュリティを高めるのです。

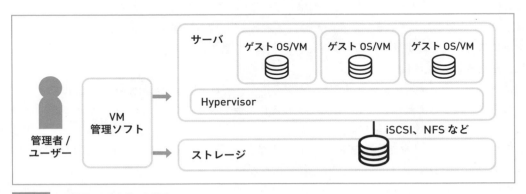

図3-20 VM管理ソフトを使った管理

　また、VM管理ソフトの中にはサーバ-ストレージ間のネットワーク機器を設定できるものもあります。もし、利用するVM管理ソフトでネットワークを設定できない場合は、あらかじめiSCSIやNFSなどが利用できるようにルーティングやゾーニングを設定しておく必要があります。

3.2.1 | パススルーモードと仮想ディスクモード

　仮想環境でストレージを利用する際に、どのようにVMへボリュームが提供されているか
を知っておくことは重要です。仮想環境には、パススルーモードと仮想ディスクモードの2つ
のパターンがあります。図3-21にそれぞれの構成を示します。

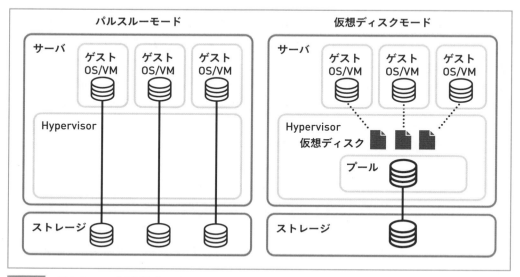

図3-21　パススルーモードと仮想ディスクモード

　パススルーモードは、ストレージのボリュームを直接VMへ割り当てるシンプルな構成で
す。この構成では、ストレージのボリュームはiSCSIやNFSなどのプロトコルを使い、VM上
のゲストOSからマウントされます。そのため、ゲストOSによって書き込まれたデータはダ
イレクトにストレージのボリュームへ書き込まれます。つまり、IOの性能はストレージ自身
の性能に左右されるのです。

　それに対し、仮想ディスクモードはストレージのボリュームをいったんHypervisor上にマ
ウントしてプールとして管理します。このプール上に、仮想ディスクと呼ばれるファイルを
作成し、仮想ディスクがVMへ割り当てられます。

　この仮想ディスクは、VM上のゲストOSからは内蔵ディスクのように見えます。この仮想
ディスクのフォーマットには、vmdk、VHDなど様々なタイプがあり、利用するHypervisor
によってサポートしているフォーマットが異なります。

　仮想ディスクモードは、少ないボリューム数で多くのVMへ仮想ディスクを提供できるた
め、集約率が高いというメリットがあります。仮想ディスクモードでは、ゲストOSから書き
込まれたデータは、プール上の仮想ディスクのファイルへ書き込まれます。仮想ディスクの
ファイルに書き込まれたデータは、非同期でストレージに送られます。これにより、仮想ディ
スクのファイルがあたかもキャッシュのように扱われるため、多くの場合、IO性能は高速

になります。ただし、同一のボリューム上に複数のVMの仮想ディスクのファイルが載っている場合、隣のVMが性能干渉するノイジーネイバー問題を引き起こすことがあり、性能設計では注意が必要です。

さらに、ストレージから見た場合、別々のVMから発行されたIOであっても、同じボリューム上の異なるファイルにデータが書かれただけのように見えます。そのため、複数VMから同時にIOが発行された場合、IO命令はミックスされ、IO命令がストレージに届く順番も保証されていません。このようなIO命令がミックスされる状態はIOブレンダーと呼ばれます。

なお、仮想ディスクモードでは、ゲストOSから仮想ディスクにデータを書いたとしてもストレージのボリュームに書き込まれていることは保証されません。

3.2.2 | セットアップの流れ

VM上のゲストOSでボリュームを使えるようにするため、多くのVM管理ソフトが備えている機能によるセットアップの流れを説明します。パススルーモードのセットアップの流れを図3-22に示します。

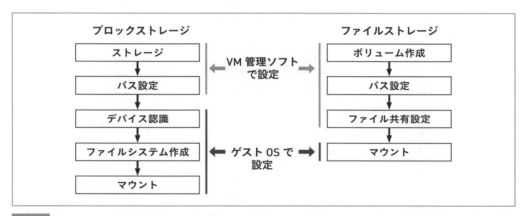

図3-22 パススルーモードでのセットアップの流れ

まず最初に、VM管理ソフトからストレージ上にボリュームを作成してパス設定を行います。ファイルストレージについては、多くの場合、ファイル共有もVM管理ソフトから設定できます。

VM管理ソフトにてストレージの設定が終わった後は、ゲストOSにログインして設定します。ゲストOSでの設定は、3.1節で解説したベアメタルサーバでの設定と同様になります。ゲストOSにログインした後、ブロックストレージはデバイスを認識し、ファイルシステムを作成してマウントします。一方、ファイルストレージは、ファイル共有されたボリュームをマウントするのです。

次に、仮想ディスクモードのセットアップの流れを図3-23に示します。

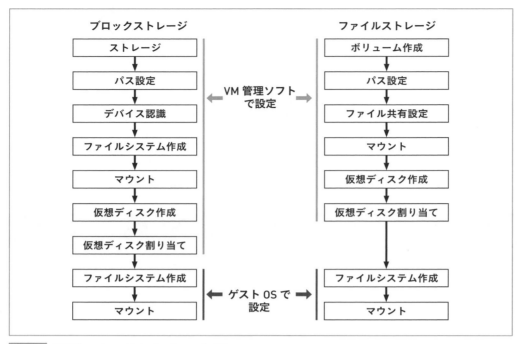

ブロックストレージ

ストレージ
↓
パス設定
↓
デバイス認識
↓
ファイルシステム作成
↓
マウント
↓
仮想ディスク作成
↓
仮想ディスク割り当て
↓
ファイルシステム作成
↓
マウント

ファイルストレージ

ボリューム作成
↓
パス設定
↓
ファイル共有設定
↓
マウント
↓
仮想ディスク作成
↓
仮想ディスク割り当て
↓
ファイルシステム作成
↓
マウント

← VM管理ソフト で設定 →

← ゲストOSで 設定 →

図3-23 仮想ディスクモードでのセットアップの流れ

　仮想ディスクモードでは、ストレージ上にボリュームを作成して、Hypervisorのサーバに
パスを設定します。ブロックストレージの場合、Hypervisorにてデバイスを認識させた後、
Hypervisor指定のファイルシステムを作成してマウントします。

　ファイルストレージの場合は、ファイル共有されたボリュームをマウントします。このマ
ウントしたボリュームはプールとして扱われます。その後、このプール上に仮想ディスクを
作成し、VMへ割り当てます。

　VM管理ソフトにて仮想ディスクをVMへ割り当てた後は、ゲストOSにログインして設定
します。ゲストOSにログインすると、内蔵ディスクのようにデバイスが見えているため、こ
のデバイス上にファイルシステムを作成してマウントすることで利用できます。

3.2.3 | OpenStack Cinder（ブロック）を使ったボリューム割り当ての例

　代表的なOSSのVM管理ソフトであるOpenStackのブロックストレージ管理のコンポーネ
ントであるCinderを使った利用例を紹介します。本例ではOpenStackで管理するHypervisor
にKVMを利用し、パススルーモードにてゲストOSにボリュームを提供します。

　この例では、あらかじめOpenStack CinderやOpenStackの（openstack）コマンドのセッ
トアップが完了しているものとして説明します。また、ストレージとサーバを接続するデー
タプレーンのネットワークについても、サーバ-ストレージ間の通信が可能となっているこ

とを前提とします。

使用するOpenStackのバージョンとゲストOSは以下の通りです。

● **OpenStack Victoria**
● **Ubuntu 22.04**

3.2.3.1 ボリューム作成

openstack volume createコマンドを使い、ボリュームを作成します。このコマンドを実行すると、Cinderを通じてブロックストレージ上にボリュームが作成されます。

```
$ openstack volume create --size 10 test-drive01
+--------------------+--------------------------------------+
| Field              | Value                                |
+--------------------+--------------------------------------+
| attachments        | []                                   |
| availability_zone  | nova                                 |
| bootable           | false                                |
| consistencygroup_id| None                                 |
| created_at         | 2022-10-16T06:44:14.791055           |
| description        | None                                 |
| encrypted          | False                                |
| id                 | 4bd761f8-8739-449f-b283-76e606bd2995 |
| multiattach        | False                                |
| name               | test-drive01                         |
| properties         |                                      |
| replication_status | None                                 |
| size               | 10                                   |
| snapshot_id        | None                                 |
| source_volid       | None                                 |
| status             | creating                             |
| type               | None                                 |
| updated_at         | None                                 |
| user_id            | e8f87a1e71bed33820da806f47cdf7f4     |
+--------------------+--------------------------------------+
```

作成したボリュームを確認します。

```
$ openstack volume list
+--------------------------------------+--------------+-----------+------+------------+
|ID                                    |Name          |Status     |Size  |Attachedto  |
+--------------------------------------+--------------+-----------+------+------------+
|4bd761f8-8739-449f-b283-76e606bd2995  |test-drive01  |available  |10    |            |
+--------------------------------------+--------------+-----------+------+------------+
```

3.2.3.2 パス設定とデバイス認識

　CinderではVMへ作成したボリュームを割り当てることで、ストレージでのパス設定を行います。さらに、HypervisorとVM上のゲストOSによっては、デバイス認識も併せて実行されます。まずは、ボリュームを割り当てるVMを確認します。

```
$ openstack server list
+--------------------------------------+--------------------+--------+-------------------
|ID                                    |Name                |Status  |Networks
+--------------------------------------+--------------------+--------+-------------------
|bf12311b-5880-4c13-b49a-429e386b887a  | ysakashi-workspace | ACTIVE |vm-net1=10.30.70.25
+--------------------------------------+--------------------+--------+-------------------
```

```
-----------------------+-------------------------------------------+-----------+
                       |Image                                      |Flavor     |
-----------------------+-------------------------------------------+-----------+
                       | ubuntu-20.04-server-cloudimg-amd64-20200921|m1.large  |
-----------------------+-------------------------------------------+-----------+
```

　この例では、VM（ysakashi-workspace）にボリュームを割り当てます。openstack server addコマンドを使い、VM名（ysakashi-workspace）とボリューム名（test-drive01）を指定して割り当てます。

```
$ openstack server add volume ysakashi-workspace test-drive01
+-----------+------------------------------------+
| Field     | Value                              |
+-----------+------------------------------------+
```

```
| ID       | 4bd761f8-8739-449f-b283-76e606bd2995 |
| ServerID | bf12311b-5880-4c13-b49a-429e386b887a |
| VolumeID | 4bd761f8-8739-449f-b283-76e606bd2995 |
| Device   | /dev/vdb                              |
+----------+---------------------------------------+
```

　VMへボリュームの割り当てが完了し、デバイス認識も成功すると、Device Fieldにゲスト
OSで認識されるデバイス名（/dev/vdb）が返ってきます。ここまでが、OpenStack Cinder
を使った設定となります。

3.2.3.3 ファイルシステム作成

　ここからは、ゲストOSにsshなどでログインし設定します。以降の設定は、3.1.1節にて
解説したベアメタルサーバでの設定と同様です。なお、Cinderでの設定にてデバイス認識が
行われない場合は、ゲストOSにログインして、ベアメタルサーバと同様の方法でデバイスを
あらかじめ認識させます。

　sshコマンドでゲストOS（ysakashi-workspace）にログインし、lsblkコマンドにてデバ
イス（/dev/vdb）が認識できているか確認します。

```
$ ssh ubuntu@ysakashi-workspace
...
ubuntu@ysakashi-workspace:~$ lsblk
NAME    MAJ:MIN  RM SIZE RO TYPE MOUNTPOINT
...
vdb     252:16    0  10G  0 disk
```

　確認できたデバイスにmkfsコマンドを使いファイルシステムを作成します。この例では、
ファイルシステムとしてext4を作成します。

```
ubuntu@ysakashi-workspace:~$ sudo mkfs -t ext4 /dev/vdb
mke2fs 1.46.5 (30-Dec-2021)
...
Allocating group tables: done
Writing inode tables: done
Creating journal (16384blocks): done
Writing superblocks and filesystem accounting information: done
```

3.2.3.4 マウント

ファイルシステムを作成したデバイス（/dev/vdb）をマウントします。この例では、/mntディレクトリへマウントします。

```
ubuntu@ysakashi-workspace:~$ sudo mount -t ext4 /dev/vdb /mnt
```

マウントしたデバイスはdfコマンドで容量を確認できます。

```
ubuntu@ysakashi-workspace:~$ df -h
Filesystem      Size   Used  Avail Use% Mounted on
...
/dev/vdb        9.8G    24K   9.3G   1% /mnt
```

必要に応じて、ベアメタルサーバと同様に /etc/fstab に設定を追加します。

3.2.4 OpenStack Manila（ファイル）を使ったボリューム割り当ての例

代表的なOSSのVM管理ソフトであるOpenStackのファイルストレージ管理のコンポーネントであるManilaを使った利用例を紹介しましょう。本例では、ファイルストレージ上にNFSのファイル共有ボリュームを作成し、VM上のゲストOSへ割り当てるまでの流れを紹介します。

なお、本例ではOpenStackで管理するHypervisorにKVMを利用し、パススルーモードにてゲストOSへボリュームを提供します。この利用例では、あらかじめOpenStack ManilaやOpenStackの（manila）コマンドのセットアップが完了しているものとして説明します。また、ストレージとサーバを接続するNFSのIOが流れるデータプレーンのネットワークについても、サーバ-ストレージ間の通信が可能となっていることを前提とします。

使用するOpenStackのバージョンとゲストOSは以下の通りです。

- OpenStack Victoria
- Ubuntu 22.04

3.2.4.1 ボリューム作成・パス設定・ファイル共有設定

manila create コマンドを使い、ファイル共有ボリュームを作成します。このコマンドを実行することで、Manilaを通じてファイルストレージ上のボリューム作成とパス設定、さらにはNFSのファイル共有設定も行われます。

```
$ manila create nfs 10 --name testNFS
+-------------------+-------------------------------------+
|Property           |Value                                |
+-------------------+-------------------------------------+
|status             |creating                             |
|description        |None                                 |
|availability_zone  |nova                                 |
|share_network_id   |None                                 |
|share_server_id    |None                                 |
|host               |None                                 |
|snapshot_id        |None                                 |
|is_public          |False                                |
|snapshot_support   |False                                |
|id                 |33ad2ba1-217a-4f49-a1a0-49a43fb142e8 |
|size               |10                                   |
|name               |testNFS                              |
|share_type         |447732be-4cf2-42b0-83dc-4b6f4ed5368d |
|created_at         |2022-10-16T10:16:27.289721           |
|share_proto        |NFS                                  |
|project_id         |2d5dbca38da786e9aa5660376df1316a     |
|metadata           |{}                                   |
+-------------------+-------------------------------------+
```

なお、特定のネットワークにのみファイル共有をさせたい場合には--share-networkオプションを指定し実行します。作成したファイル共有ボリュームを確認します。

```
$ manila list
+--------------------------------------+----------+----+-----------+----------+----------
|ID                                    |Name      |Size|ShareProto |Status    |IsPublic
+--------------------------------------+----------+----+-----------+----------+----------
|33ad2ba1-217a-4f49-a1a0-49a43fb142e8  |testNFS   |10  |NFS        |available |False
+--------------------------------------+----------+----+-----------+----------+----------
```

```
+----------------+---------------------------------+------------------+
|ShareTypeName   |Host                             |AvailabilityZone  |
+----------------+---------------------------------+------------------+
|default         |manila101@cdotSingleSVM#aggr1    |nova              |
+----------------+---------------------------------+------------------+
```

作成したファイル共有ボリュームのパスを確認します。

```
$ manila share-export-location-list 33ad2ba1-217a-4f49-a1a0-49a43fb142e8 \
--columns Path,Preferred
+------------------------------------------------------------+-----------+
|Path                                                        |Preferred  |
+------------------------------------------------------------+-----------+
|192.168.10.110:/share_a1112eb7_9e3a_4a0f_a335_3e1e1abcc3e2  |False      |
+------------------------------------------------------------+-----------+
```

ここまでが、OpenStackManilaを使った設定となります。

3.2.4.2 マウント

　ここからは、ゲストOSにsshなどでログインし設定します。以降の設定は、3.1.2節にて解説したベアメタルサーバでの設定と同様です。

　Manilaで提供されたファイル共有ボリュームのパス（192.168.10.110:/share_a1112eb7_9e3a_4a0f_a335_3e1e1abcc3e2）をゲストOSの/mntへマウントします。

```
$ sudo mount -t nfs 192.168.10.110:/share_a1112eb7_9e3a_4a0f_a335_3e1e1abcc3e2 /mnt
```

マウントしたディレクトリはdfコマンドで容量を確認できます。

```
$ df -h
Filesystem                              Size    Used    Avail    Use%    Mounted on
...
192.168.10.110:/share_a1112eb7_9e3a_4a0f_a335_3e1e1abcc3e2  9.8G     37M     9.3G     1%
/mnt
```

必要に応じて、ベアメタルサーバと同様に/etc/fstabに設定を追加します。

chapter 4

コンテナ/Kubernetesでの使い方

本章では、ストレージの利用ユーザーを対象に、コンテナやKubernetesからのストレージの利用方法を解説します。VM向けストレージとは異なり、コンテナ向けストレージではストレージ管理の標準仕様CSI（Container Storage Interface）を利用できます。このCSIを中心に、コンテナオーケストレーションの代表格であるKubernetesによる管理モデルや機能を説明しましょう。

4.1 コンテナとKubernetes

　Webサービスをはじめとする多くのサービスやアプリケーションでは、アクセス数の増加に伴って柔軟にスケールすることが求められます。そのため、これらを動作させるコンピュート・ネットワーク・ストレージのインフラストラクチャ（以下、インフラと略します）のリソースを柔軟かつ迅速に割り当てる必要があります。

　このインフラリソースの割り当てを柔軟にする技術として、VMやコンテナがあります。VMやコンテナを使ってアプリケーションごとに独立したVMやコンテナを作成することで、特定のアプリケーションの性能を増減させることが容易になります。

　VMとコンテナのアーキテクャの違いを図4-1に示します。

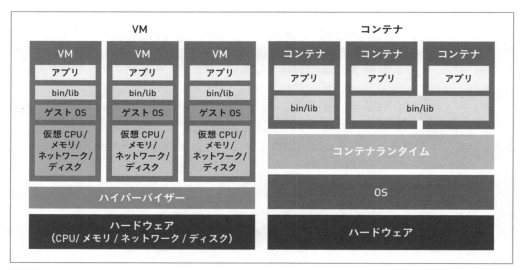

図4-1 VMとコンテナ

　VMでは、CPUやメモリをエミュレートする仮想マシン（VM）を作成した後、OSセットアップやアプリケーションをインストールして作成します。そのため、アプリケーションを増減させる場合、仮想マシンを新規作成・削除しなくてはなりません。

　これに対して、コンテナはホストOSのCPUやメモリをコンテナごとに割り当てた後、コンテナイメージをロードして実行することで、アプリケーションを増減させます。つまり、単にホストOSのCPUやメモリを分割しているのみで、VMのようにこれらのリソースをエミュレートしません。そのため、アプリケーション数の増減時間がVMよりもコンテナのほうが

高速になるのです。

　また、アプリケーションのコンテナ化が進むと、運用管理しなければならないコンテナ数が増加していきます。このように増えたコンテナの運用管理を支援するツールとして、現在、コンテナオーケストレーションが使われるようになっています。

　代表的なコンテナオーケストレーションにKubernetesがあります。Kubernetesは、Googleが開発・運用していたBorgをベースに開発され、その後オープンソースのアプリケーションとして公開されました。

　図4-2にKubernetesの構成を示します。

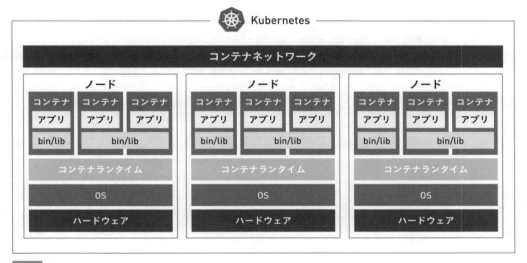

図4-2　Kubernetes

　Kubernetesは、コンテナの実行基盤であるコンテナランタイム（Container Runtime）を持つサーバ（別名：ノード）を管理し、さらにノード上で実行されているコンテナを管理します。

　Kubernetesの代表的な機能の1つに、セルフヒーリング機能があります。セルフヒーリング機能は、ノードに障害が発生したり、リソース不足によりコンテナに障害が発生したりしたときに、アプリケーションの性能がダウンしないように別のノード上でコンテナを自動復旧させることで性能ダウンを防ぎます。

　このように、Kubernetesは大量のコンテナを運用管理するためのパワフルな機能を多数備えています。また、Kubernetesでは、コンテナランタイム、コンテナネットワーク、コンテナストレージ向けに次の3つのインターフェースを備えています。

●**CRI（Container Runtime Interface）：コンテナランタイムとのインターフェース**
●**CNI（Container Network Interface）：コンテナネットワークとのインターフェース**

●CSI（Container Storage Interface）：コンテナストレージとのインターフェース

　これらのインターフェースに則った仕様のコンテナランタイム、コンテナネットワーク、コンテナストレージであれば、Kubernetesは自由に選択・利用できるのです。

4.2 コンテナストレージ インターフェース（CSI）

Kubernetesにおいて、コンテナストレージインターフェース（CSI）は、v1.9（2017年）よりAlpha機能としてサポートが開始され、v1.13（2018年）で正式サポートが決まりました。

Kubernetes v1.8までのストレージ関連の機能は、Kubernetesのソースに直に組み込まれる実装で提供されていました。そのため、ストレージを開発するベンダーは、Kubernetesのソースコードへアップストリームする必要があるだけでなく、リリースのタイミングも歩調を合わせる必要がありました。Kubernetesでは、CSIをサポートすることでストレージを開発するベンダーが独自に実装でき、各々のタイミングでリリースできるようになったのです。

このCSIは、Kubernetes専用ではなくMesos、Cloud Foundryなど他のコンテナオーケストレーションでも採用されている標準仕様のインターフェースです。仕様は、Container Storage Interfaceコミュニティ[1]にて策定されています。

CSIについて、詳しく見ていきます。まず、CSIは、読み書きされるデータを送受信するインターフェースではなく、ストレージのボリュームを作成・削除する管理インターフェースです。

図4-3にKubernetesにおけるCSIのアーキテクチャを示します。

※1　https://github.com/container-storage-interface/community

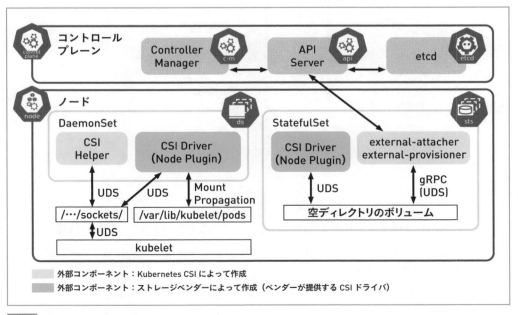

図4-3 CSIのアーキテクチャ

Kubernetesでは、クライアントから受け付けたストレージ関連のリクエストをAPI Serverが受けると、CSIの仕様に従って開発されたプログラムを呼び出します。

図中のexternal-attacher、external-provisionerなどのプログラムは、Kubernetes CSIコミュニティ[2]にて開発されています。これらのプログラムが、ストレージベンダーやコミュニティが提供するCSIドライバ（Controller Plugin）と通信します。このCSIドライバ（Controller Plugin）がストレージと通信して、ボリューム作成などの命令を発行するのです。

作成されたボリュームはCSIドライバ（Node Plugin）にてデバイス認識、ファイルシステム作成、マウントなどを行うことで、コンテナから利用できるようになります。CSIドライバ（Node Plugin）をサポートするプログラムに、CSI Helper（総称）があります。代表的なCSI Helperに、ボリュームの状態を監視するプログラムなどがあります。

次に、CSIでのボリュームの状態遷移について解説しましょう。図4-4に状態遷移を示します。

※2 https://github.com/kubernetes-csi

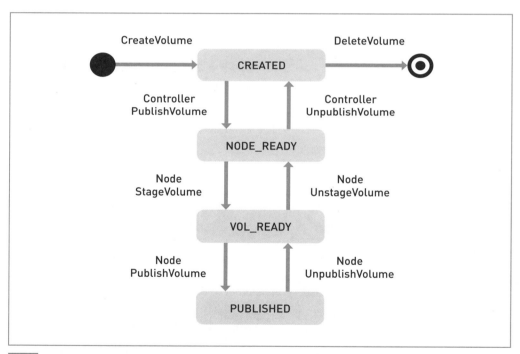

図4-4 CSI Volume の状態遷移

まず、ボリュームの作成命令であるCreateVolumeが呼ばれるとCREATEDの状態に遷移します。その後、NODE_READY、VOL_READY、PUBLISHEDとなります。PUBLISHEDがコンテナから利用可能な状態となります。

また、それぞれの状態に遷移するための命令のうち、接頭語としてControllerが付与して

いる命令がCSIドライバ（Controller Plugin）で実行され、接頭語としてNodeが付与している命令がCSIドライバ（Node Plugin）で実行されます。CSIのインターフェースとして定義されるこれらの命令でどのような処理を行うかは、CSIドライバを開発するベンダーやコミュニティ任せとなっています。

　これらの命令の実装例を紹介しましょう。まず、ControllerPublishVolumeにてストレージにボリューム作成の命令を発効します。次に、NodeStageVolumeにてiSCSIのログインなどを行ってデバイスを認識させ、ファイルシステムを作成した後に、NodePublishVolumeでマウントします。

　このようにCSIでは、単にストレージ上にボリュームを作成するだけでなく、ノード上にてデバイス認識からコンテナにマウントさせるまでの一連の作業が定義されています。そのため、利用者はベアメタルサーバやVMにてボリュームを利用するときに必要なデバイス認識・ファイルシステム作成・マウントなどの操作を知らなくても利用できるのです。

4.3 | Kubernetesでの ストレージモデル

Kubernetesでは抽象化したモデルを用いてストレージを利用します。Kubernetesの基本モデルには、次の3つのリソースがあります。

- PersistentVolumeClaim（PVC）
- PersistentVolume（PV）
- StorageClass（SC）

PVCは、ユーザーがボリュームを作成する際に利用する要求仕様を示すリソースです。コンテナを管理するリソースであるPodにPVCを割り当てることで、コンテナにボリュームをマウントします。

PVは、ボリュームを示すリソースです。SCは、ボリュームの生成元となるストレージまたはストレージ上のストレージプールを示すリソースです。このSCに、前節で解説したCSIドライバの情報が設定されています。

4.3.1 | リソースの範囲と権限

ここでは、リソースの範囲と権限について説明します。Kubernetesではネームスペース（Namespace）によって、デプロイ先の論理空間を分けることができます。また、ユーザーごとにネームスペースの権限を付与することで、マルチテナント構成を設定できます。このような環境では、リソースの範囲と権限が重要になってくるのです。

図4-5にリソースの範囲と権限を示します。

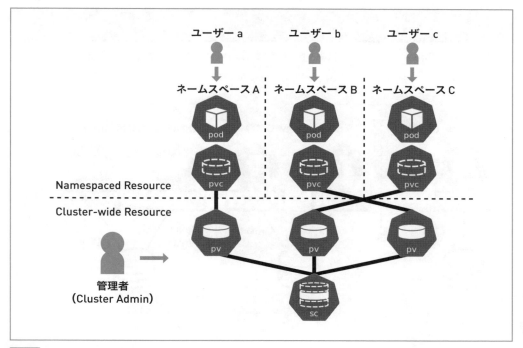

図4-5 リソースの範囲と権限

Kubernetesでは、管理者とユーザーの役割を考慮してストレージのモデルが設計されています。

- **管理者のみが作成・削除できるリソース：PV、SC**
- **ユーザーが作成・削除できるリソース：PVC**

PV、SCは、すべてのネームスペースにおける共有のリソース（Cluster-wide Resource）です。そのため、この2つのリソースは管理者（Cluster Admin）の権限でのみ作成・削除できます。それに対し、PVCは、ネームスペース間では共有できないリソース（Namespaced Resource）です。各ネームスペースの操作権限を持ったユーザーにしか作成・削除できません。

こうした権限は、外部のストレージに対する権限にも関連します。外部のストレージにボリューム作成などの命令を出すCSIドライバが、ストレージにアクセスする際に利用するストレージのユーザーは共通です。つまり、Kubernetes上に複数のユーザーを設定しても、ストレージへのアクセスには共通ユーザーを使用するのです。そのため、ストレージと直接関連するPV、SCは、Kubernetes全体を管理する管理者権限によってのみ操作が許されています。

4.3.2 | Access Modes

PVC、PVにおいてPodからのアクセス許可を設定するパラメータに、Access Modesがあります。このAccess Modesは、.spec.accessModesにて次の3つのモードを指定できます。

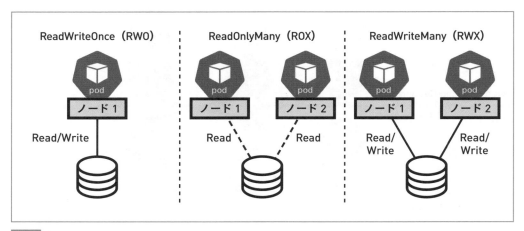

図4-6 Access Modes

●**ReadWriteOnce（RWO）**
・1つのノードからRead/Writeでマウントする
・主にブロックストレージを利用する際に利用する

●**ReadOnlyMany（ROX）**
・複数のノードからRead Onlyでマウントする
・書き込み（Write）をさせたくないデータを格納しているボリュームを利用する際に利用する

●**ReadWriteMany（RWX）**
・複数のノードからRead/Writeでマウントする
・主にファイル共有を目的とするファイルストレージを利用する際に利用する

ReadWriteManyは、複数ノードからの同時に同じファイルに対する書き込みが可能となります。そのため、ファイルのロック機構を持たないストレージでは、同じファイルに複数Podからデータを書き込んでしまい破損してしまう可能性があります。

なお、Access ModesのどのモードがサポートされているかはCSIドライバによって異なります。

Kubernetesのv1.22では、新たな機能であるAccess ModesのReadWriteOncePod（RWOP）がAlpha機能として登場しました。

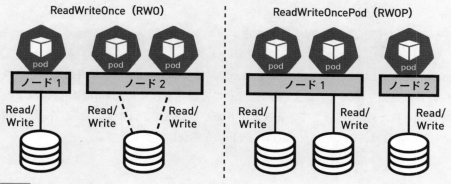

図4-7 ReadWriteOncePod

● **ReadWriteOncePod（RWOP）**
・1つのPodからRead/Writeでマウントする
・主にブロックストレージを利用する際に利用する

ReadWriteOncePodは正式サポートされているReadWriteOnceと似ていますが、アクセス許可がノード単位ではなくPod単位であるという点が大きく異なります。ReadWriteOnceではノード単位でのアクセス許可のため、同じノード上のPodであればRead/Writeでボリュームにアクセスできます。そのため、意図せず同時に同一ファイルへ書き込みを行ってしまいデータを破損してしまう可能性がありました。

新しく登場したReadWriteOncePodはPod単位でのアクセスのため、1つのボリュームに対しては1つのPodにしかWriteが許可されません。つまり、同じノード上に複数Podがあったとしても、1つのPodからしか書き込みが発生しないため、データの破損を回避できるのです。

4.3.3 | Reclaim Policy

PVCを削除した際に、PVも併せて削除するかを設定するパラメータとしてReclaim Policyがあります。Reclaim Policyでは、SCの.spec.reclaimPolicyにて次の3つのポリシーを指定できます。

● **Retain**
　・PVC が削除されても PV は削除せず残したまま
● **Recycle（非推奨）**
　・PVC を削除した際、PV 上のデータのみを削除する。PV 自身は削除されない
● **Delete**
　・PVC を削除した際、自動で PV も削除する

　この Reclaim Policy にて Delete を指定することで、使わなくなった PV が自動で削除されるため、PV の管理負荷を削減できます。なお、SC にて設定された Reclaim Policy は、この SC を使って作成された PV に伝播して、デフォルト値として設定されます。もし、特定の PV の設定を変えたい場合は、PV の .spec.reclaimPolicy を個別に変更します。

4.4 Podへのボリューム割り当て

KubernetesでPodにボリュームを提供する方法は2つあります。Manual Volume Provisiong と Dynamic Volume Provisioning です。図4-8にそれぞれの流れを示します。

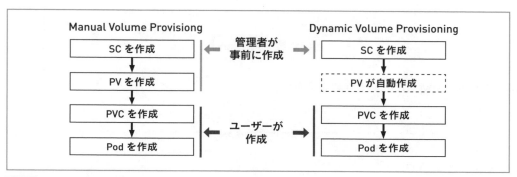

図4-8 ボリュームのプロビジョニング方法

Manual Volume Provisioning では、管理者があらかじめ SC と PV を作成しますが、ストレージによっては SC が不要な場合もあります。この PV の作成によって、ストレージに対応するボリュームが作成されます。

次に、ユーザーが PVC を作成すると、事前に作成された PV の中から PVC によって定義された要件にマッチする PV を自動で選び出して PVC と関連付けます。その後、PVC を利用する Pod を作成することで、Pod が配置されたノードにおいて PV に対応するボリュームが接続されて、Pod 内のコンテナにマウントされます。

これに対し、Dynamic Volume Provisioning では、管理者は PV を作成する必要がないため、SC のみをあらかじめ作成します。

ユーザーが PVC を作成すると、PVC に指定された SC のパラメータを使って PV が自動生成された後、PVC と関連付けられます。その後、Manual Volume Provisioning と同様に Pod を作成することでコンテナにボリュームがマウントされます。

このように、Dynamic Volume Provisioning では、管理者が PV をあらかじめ作成しなくてもユーザーが自由に作成できるため、管理者の作業負荷は低くなります。管理者は、PV の生成元となる SC に関連付けられているストレージプールの残り容量を監視します。一方、特定の PV のみに特殊な設定を行う場合には、Manual Volume Provisioning を利用する必要があります。

次に、Dynamic Volume ProvisionigによるPodへのボリューム割り当ての例を示します。事前にSC（standard）が管理者により作成されているものとします。

```
$ kubectl get sc
NAME                    PROVISIONER           RECLAIMPOLICY         VOLUMEBINDINGMODE
standard                csi.xxxx.io           Delete                Immediate
```

```
ALLOWVOLUMEEXPANSION    AGE
true                    54m
```

PVCのManifest（pvc1.yaml）を作成します。

●pvc1.yaml

```
apiVersion: v1
kind: PersistentVolumeClaim
metadata:
  name: pvc1
spec:
  storageClassName: standard  # SC 名
  accessModes:
    - ReadWriteOnce
  resources:
    requests:
      storage: 10Gi  # 作成するボリュームのサイズ
```

作成したPVCのManifest（pvc.yaml）をデプロイして、PVCを作成します。

```
$ kubectl apply -f pvc1.yaml
persistentvolumeclaim/pvc1 created
```

作成されたPVC/PVを確認します。

```
$ kubectl get pvc,pv
NAME                           STATUS   VOLUME
persistentvolumeclaim/pvc1     Bound    pvc-59339129-63b7-4efd-8f85-34184115c2ef


NAME                                                        CAPACITY   ACCESS
persistentvolume/pvc-59339129-63b7-4efd-8f85-34184115c2ef   10Gi       RWO
```

```
        CAPACITY   ACCESS MODES   STORAGECLASS   AGE
        10Gi       RWO            standard       18s


MODES   RECLAIM POLICY   STATUS   CLAIM          STORAGECLASS   REASON   AGE
        Delete           Bound    default/pvc1   standard                6s
```

　次に、作成した PVC/PV を使って、Pod 内のコンテナにボリュームをマウントさせます。Pod の Manifest（pod1.yaml）を作成します。

● **pod1.yaml**

```
apiVersion: v1
kind: Pod
metadata:
  labels:
    run: test
  name: test
spec:
  containers:
  - image: ubuntu:22.04
    name: test
    command:
    - sleep
    - infinity
    volumeMounts:
    - name: data
      mountPath: /mnt/data   # マウント先のパス
  volumes:
```

```
  - name: data
    persistentVolumeClaim:
      claimName: pvc1  # PVC 名
```

作成したPodのManifest（pod1.yaml）をデプロイして、Podを作成します。

```
$ kubectl apply -f pod1.yaml
pod/test created
```

作成したPodを確認します。

```
$ kubectl get pod
NAME  READY  STATUS   RESTARTS  AGE
test  1/1    Running  0         81s
```

Podに接続して、コンテナにストレージのボリュームがマウントされているかを確認します。

```
$ kubectl exec -ti test -- /bin/sh

# mount |grep /mnt/data
/dev/sda on /mnt/data type ext4 (rw,relatime,discard,stripe=16)

# df -h
Filesystem       Size  Used Avail Use% Mounted on
overlay          39G   5.6G  34G  15% /
tmpfs            64M   0     64M  0%  /dev
tmpfs            2.0G  0     2.0G 0%  /sys/fs/cgroup
/dev/sda         9.8G  24K   9.3G 1%  /mnt/data
/dev/vda1        39G   5.6G  34G  15% /etc/hosts
shm              64M   0     64M  0%  /dev/shm
tmpfs            3.8G  12K   3.8G 1%  /run/secrets/kubernetes.io/serviceaccount
tmpfs            2.0G  0     2.0G 0%  /proc/acpi
tmpfs            2.0G  0     2.0G 0%  /proc/scsi
tmpfs            2.0G  0     2.0G 0%  /sys/firmware
```

デバイス（/dev/sda）上にext4のファイルシステムが作成され、/mnt/dataにマウントされていることが確認できました。

　なお、Podに割り当てられたPVC/PVを削除するときは、先にPodを削除する必要があります。Kubernetesでは、Podから利用されていない状態のPVC/PVしか削除できないようにガードされています。また、PVCの削除を行うことで関連付けられたPVを同時に削除するか否かは、4.3.3節にて解説するReclaim Policyで指定します。PVCを削除した際に関連付けられたPVも同時に削除したいときはDeleteを指定し、削除したくないときはRetainを指定してください。

4.5 | CSIによるKubernetesの ストレージ機能

　Kubernetesのストレージ機能はCSIによって提供されています。KubernetesのCSIにおいて利用できる主なストレージの機能を下の表に示します。なお、利用するCSIドライバによって、サポートされている機能は異なるため、注意してください。

表4-1　KubernetesのCSIにおいて利用できる主なストレージの機能

名前	ステータス	内容
Volume Expansion	Beta	ボリュームのサイズ拡張
Raw Block Volume	GA	File System でフォーマットしていないボリューム
Volume Cloning	GA	ボリュームのクローン
Volume Snapshot&Restore	Beta	スナップショットとリストア
Topology	GA	トポロジーの指定
Generic Ephemeral Inline Volumes	GA	永続化しないボリューム

※　ステータスは2022年12月の状況です。

4.5.1 | Volume Expansion

　Volume ExpansionはPVC/PVのサイズを拡張する機能です。この機能では、PVに対応するストレージ上のボリュームだけでなく、ファイルシステムで利用できるサイズも同時に拡張します。

　この機能を利用するには、SCのallowVolumeExpansionの値がTrueに設定されている必要があります。まず、Manifestファイル（pvc1.yaml）を使って10GiのサイズのPVCとそれに関連付けられたPVが生成されていたとします。

```
$ kubectl get pvc,pv
NAME                          STATUS   VOLUME                                    CAPACITY
persistentvolumeclaim/pvc1    Bound    pvc-47684219-b153-4d72-98d1-944a4b117492  10Gi


NAME                                                 CAPACITY   ACCESS MODES
persistentvolume/pvc-47684219-b153-4d72-98d1-944a4b117492   10Gi    RWO
```

```
          ACCESS MODES     STORAGECLASS   AGE
          RWO              standard       7s


RECLAIM POLICY   STATUS   CLAIM          STORAGECLASS   REASON   AGE
Delete           Bound    default/pvc1   standard                5s
```

　作成した当初は10Giのサイズの容量で足りていたPVC/PVも、利用し続けると容量不足になることもあります。そのようなときには、PVCで指定しているサイズ.spec.resources.resuests.storageを変更します。以下にVolume Expansionの実行例を示します。

●変更後のpvc1.yaml

```
apiVersion: v1
kind: PersistentVolumeClaim
metadata:
  name: pvc1
spec:
  storageClassName: standard
  accessModes:
    - ReadWriteOnce
  resources:
    requests:
      storage: 15Gi   # 変更されたサイズ
```

```
$ kubectl apply -f pvc1.yaml
persistentvolumeclaim/pvc1 configured

$ kubectl get pvc,pv
NAME                           STATUS    VOLUME                                        CAPACITY
persistentvolumeclaim/pvc1     Bound     pvc-47684219-b153-4d72-98d1-944a4b117492      15Gi


NAME                                                          CAPACITY    ACCESS MOÐES
persistentvolume/pvc-47684219-b153-4d72-98d1-944a4b117492     15Gi        RWO
```

```
            ACCESS MOÐES     STORAGECLASS    AGE
            RWO              standard        14m


RECLAIM POLICY     STATUS     CLAIM           STORAGECLASS     REASON     AGE
Ðelete             Bound      default/pvc1    standard                    14m
```

　なお、元のサイズよりも小さな値への変更はサポートしていません。また、Volume Expansion
には、Podにマウントしたままでも拡張できるオンラインと、Podを一度削除する必要のあ
るオフラインとがあります。どちらをサポートしているかは利用するストレージとCSIドラ
イバ次第です。利用するストレージまたはCSIドライバのドキュメントを参照してください。

4.5.2 | Raw Block Volume

Raw Block Volumeは、フォーマットによってファイルシステムを作成しないボリュームを提供する機能です。一部のデータベースなど、独自のファイルシステムを採用しているアプリケーションを利用する場合、Raw Block Volumeを使うことになります。

独自のファイルシステムは、ジャーナルログなどによってI/Oパフォーマンスを落とさないようにするなど様々な理由で利用されます。また、SSDやNVMeの進化により従来のファイルシステム（XFS、ext4など）を介さずにI/Oを処理する技術も登場してきています。これらの技術を使えば、I/O性能をチューニングする上でもRaw Block Volumeを利用できるのです。

Raw Block Volumeの利用例を示しましょう。この機能を利用するには、PVCの.spec.volumeModeにBlockを指定します。以下にRaw Block VolumeのPVCのManifests（raw-pvc.yaml）の例を示します。

● **raw-pvc.yaml**

```
apiVersion: v1
kind: PersistentVolumeClaim
metadata:
  name: raw-pvc
spec:
  volumeMode: Block
  storageClassName: standard
  accessModes:
    - ReadWriteOnce
  resources:
    requests:
      storage: 10Gi
```

PVCのManifest（raw-pvc.yaml）をデプロイし、PVC/PVの作成を確認します。

```
$ kubectl apply -f raw-pvc.yaml
persistentvolumeclaim/raw-pvc created


$ kubectl get pvc,pv
NAME                              STATUS   VOLUME
persistentvolumeclaim/raw-pvc     Bound    pvc-b53ad36d-bcaf-4ef7-9a33-b87a1596b25f


NAME                                                         CAPACITY   ACCESS MODES
persistentvolume/pvc-b53ad36d-bcaf-4ef7-9a33-b87a1596b25f    10Gi       RWO
```

```
CAPACITY    ACCESS MODES    STORAGECLASS     AGE
10Gi        RWO             standard         67s


 RECLAIM POLICY   STATUS    CLAIM             STORAGECLASS   REASON    AGE
 Delete           Bound     default/raw-pvc   standard                 65s
```

　Raw Block Volumeの場合、ファイルシステムが作成されないため、Pod内のコンテナで直接マウントすることができません。そこで、Podの.spec.containers.volumeDevicesによってデバイスを指定します。PodのManifest（raw-pod.yaml）の例を示しましょう。

● raw-pod.yaml

```
apiVersion: v1
kind: Pod
metadata:
  name: test
spec:
  containers:
  - image: ubuntu:22.04
    name: test
    command:
```

```
      - sleep
      - infinity
    volumeÐevices:  # Raw Blcok Volume をアタッチするデバイス
    - name: raw
      devicePath: /dev/block
  volumes:
  - name: raw
    persistentVolumeClaim:
      claimName: raw-pvc  # Raw Block Volume の PVC 名
```

Pod の Manifest（raw-pod.yaml）をデプロイし、Pod の起動を確認します。

```
$ kubectl get pod
NAME    REAÐY    STATUS      RESTARTS    AGE
test    1/1      Running     0           2m22s
```

Pod に接続し、デバイスを確認します。

```
$ kubectl exec -ti test -- /bin/sh
# ls -l /dev/block
brw-rw---- 1 root disk 253, 0 Ðec  3 10:02 /dev/block
```

Raw Block Volume がデバイス（/dev/block）にアタッチされています。この作成されたデバイス上に独自ファイルシステムなどを作成して利用するのです。

4.5.3 | Volume Cloning

Volume Cloning は、PV のクローンを作成する機能です。PVC の .spec.dataSource にクローン元の PVC を指定してクローンを作成します。

以下に、PVC（pvc1）をクローンして作成する PVC（pvc2）の Manifest（pvc2.yaml）の例を示します。

● pvc2.yaml

```
apiVersion: v1
kind: PersistentVolumeClaim
metadata:
  name: pvc2
spec:
  storageClassName: standard
  accessModes:
    - ReadWriteOnce
  resources:
    requests:
      storage: 10Gi
  dataSource: # クローン元となる PVC
    kind: PersistentVolumeClaim
    name: pvc1
```

　この Manifest（pvc2.yaml）をデプロイすることで、PVC（pvc1）をクローンした PVC（pvc2）が作成されます。

　Volume Cloning のメリットは、ストレージのクローン機能を使うことで、Kubernetesのノードの CPU/Memory/Network の負荷を軽減できることです。巨大なデータが格納されたボリュームのクローンを作成したいときに便利なのです。

　注意点は、クローン元である PVC（pvc1）以上のサイズをクローン先の PVC（pvc2）で指定する必要があることです。

4.5.4 | Volume Snapshot&Restore

Volume Snapshot は、実行した時点のデータを保持するスナップショットの機能であり、ストレージが備え持っています。Restore によって、取得したスナップショットからデータを復元します。

Volume Snapshot は、新たな3つのリソースによってモデル化されています。

● **VolumeSnapshots**
　・スナップショットの要求仕様
● **VolumeSnapshotContents**
　・スナップショットのコンテンツ（差分データ）
● **VolumeSnapshotClass**
　・スナップショット用のストレージプール（VolumeSnapshotContents の生成元）

また、VolumeSnapshotClass は SC と同様に、あらかじめ管理者が作成しておく必要があります。ユーザーが VolumeSnapshots を作成すると、VolumeSnapshotClass から VolumeSnapshotContents が自動生成されます。VolumeSnapshotContents はストレージ上のスナップショットにより生成される差分データを示しています。つまり、VolumeSnapshotContents が作成されるということは、ストレージ上にスナップショットが作られたことを意味するのです。

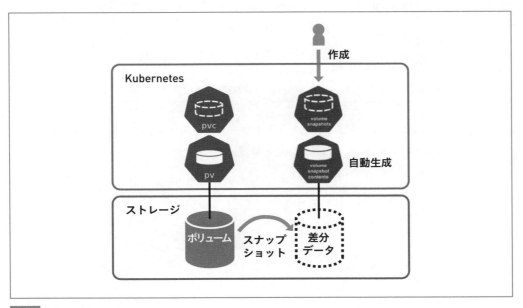

図4-9　Volume Snapshot

以下に、PVC（pvc1）のスナップショットを取得する例を示します。あらかじめ管理者が、VolumeSnapshotClassを作成しておきます。

```
$ kubectl get volumesnapshotclass
NAME                      DRIVER              DELETIONPOLICY   AGE
csi-snapshot              csi.xxx.xxx         Delete           432d
```

次に、ユーザーがPVC（pvc1）のスナップショットの取得を要求するVolumeSnapshotsのManifest（volumesnapshot.yaml）を作成します。

●volumesnapshot.yaml

```
apiVersion: snapshot.storage.k8s.io/v1
kind: VolumeSnapshot
metadata:
    name: snapshot-pvc1-20221204
spec:
    volumeSnapshotClassName: csi-snapshot # VolumeSnapshotClass 名
    source:
      persistentVolumeClaimName: pvc1  # スナップショット対象となる PVC
```

VolumeSnapshotsのManifest（volumesnapshot.yaml）をデプロイし、スナップショットを実行します。

```
$ kubectl apply -f volumesnapshot.yaml
volumesnapshot.snapshot.storage.k8s.io/snapshot-pvc1-20221204 created
```

VolumeSnapshots のリソースが作成されると、ストレージにてスナップショットが実行された後、VolumeSnapshotContentns が自動生成されます。

```
$ kubectl get volumesnapshot
NAME                       READYTOUSE    SOURCEPVC    SOURCESNAPSHOTCONTENT    RESTORESIZE
snapshot-pvc1-20221204     true          pvc1                                  10Gi


$ kubectl get volumesnapshotcontent
NAME                                                   READYTOUSE    RESTORESIZE    DELETIONPOLICY
snapcontent-da2c0cca-1e0b-4699-a2d2-c876a13562cd       true          10737418240    Delete
```

```
SNAPSHOTCLASS      SNAPSHOTCONTENT                                        CREATIONTIME    AGE
csi-snapshot       snapcontent-da2c0cca-1e0b-4699-a2d2-c876a13562cd       37s             38s



DRIVER            VOLUMESNAPSHOTCLASS    VOLUMESNAPSHOT              VOLUMESNAPSHOTNAMESPACE    AGE
csi.xxx.xxx       csi-snapshot           snapshot-pvc1-20221204     default                    46s
```

VolumeSnapshotContents の READYTOUSE が true になると、ストレージ上でスナップショットが作成され、リストア可能な状態となったことを示します。また、RESTORESIZE はリストアする際のサイズを示しています。

以上で、スナップショットが取得できました。続いて、取得したスナップショットからのリストアの例を示します。リストアでは、作成した VolumeSnapshot を指定して新たに PVC を作成します。以下に、リストアで利用する PVC の Manifest（restore.yaml）を示します。

● restore.yaml

```
apiVersion: v1
kind: PersistentVolumeClaim
metadata:
  name: pvc-from-snapshot
spec:
  storageClassName: standard
  accessModes:
    - ReadWriteOnce
  resources:
    requests:
```

```
      storage: 10737418240  # VolumeSnapshotContents の RestoreSize で示されたサイズ
  dataSource:  # リストア対象の VolumeSnapshots のリソース
    apiGroup: snapshot.storage.k8s.io
    kind: VolumeSnapshot
    name: snapshot-pvc1-20221204
```

リストア用の PVC の Manifest（restore.yaml）をデプロイして、リストアを実行します。

```
$ kubectl apply -f restore.yaml
persistentvolumeclaim/pvc-from-snapshot created
```

リストアが成功すると、指定した VolumeSnapshots のデータを復元した PVC/PV が作成されます。

```
$ kubectl get pvc,pv
NAME                                        STATUS   VOLUME
persistentvolumeclaim/pvc-from-snapshot     Bound    pvc-f2123498-e05b-4dc8-bf1d-fd419ad85423
persistentvolumeclaim/pvc1                  Bound    pvc-43b8890c-5a80-43d9-8b72-0658805445bf


NAME                                                      CAPACITY   ACCESS MODES
persistentvolume/pvc-43b8890c-5a80-43d9-8b72-0658805445bf  10Gi       RWO
persistentvolume/pvc-f2123498-e05b-4dc8-bf1d-fd419ad85423  10Gi       RWO
```

```
        CAPACITY    ACCESS MODES    STORAGECLASS    AGE
        10Gi        RWO             standard        3m15s
        10Gi        RWO             standard        20m

RECLAIM POLICY    STATUS    CLAIM                      STORAGECLASS    REASON    AGE
Delete            Bound     default/pvc1               standard                  20m
Delete            Bound     default/pvc-from-snapshot  standard                  3m4
```

　VolumeSnapshot はストレージのスナップショットを呼び出すため、実際に更新されたデータの変更差分のみが保持され、消費容量を抑えたバックアップが可能です。ただし、ストレージによっては、元ボリューム（PV）が削除されるとリストアできなくなることもありま

す。一方で、スナップショットが作成されているとPVが削除されてもストレージからは対象ボリュームを消さずに、リストア可能なストレージもあります。

このようにリストアの条件は、使用するストレージにより異なりますので、必ず事前に条件を確認してください。

4.5.5 | Topology

Kubernetesのv1.18では、Pod Topology Spread Constraints機能が登場しました。これにより、AZ（Availability Zone：電源や空調などに障害が発生した場合でもサービス継続できるように設計された区画）を意識したPodの分散配置が可能になります。

ただし、いかにAZを意識して、Podを分散配置しても、PVの実体であるストレージのボリュームがAZを考慮して分散配置されていなければ片手落ちとなります。図4-10の左図にストレージのAZを考慮していない場合、右図にAZを考慮している場合を示します。

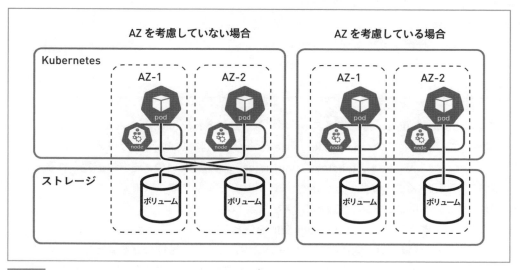

図4-10　Topology

ストレージのAZを考慮せずにボリュームを作成した場合、どのAZに作成されるかがわかりません。例えば、AZ-1のPodがAZ-2のボリュームをマウントしてしまうこともあります。このような場合、AZ-2で障害が発生すると、本来は障害に影響しないはずのAZ-1のPodもボリュームにアクセスできず、ダウンしてしまいます。

このような事態を防ぐためにTopology機能では、図4-10の右図のようにPVにより作成されるボリュームもAZを考慮して作成されます。この機能はSCにボリュームの作成先となるAZの情報を設定することで実現されます。ストレージは、ボリュームを作成する際、CSIドライバから伝えられるAZの情報を使って、AZを考慮した場所にボリュームを作成します。以

下に、AZを指定したSCのManifest（az-sc.yaml）の例を示します。

● az-sc.yaml

```
apiVersion: storage.k8s.io/v1
kind: StorageClass
metadata:
  name: az-1-standard
parameters:
  fsType: ext4
provisioner: standard
reclaimPolicy: Delete
allowVolumeExpansion: true
volumeBindingMode: WaitForFirstConsumer
allowedTopologies: # 作成を許可する AZ を指定
- matchLabelExpressions:
  - key: topology.kubernetes.io/zone
    values:
    - az-1
```

この例では、allowedTopologiesに許可するトポロジーとしてtopology.kubernetes.io/zone
のaz-1を指定しています。このtopology.kubernetes.io/zoneは、Kubernetesがノードに付
与するラベルです。つまり、Podがtopology.kubernetes.io/zone: az-1のノードに配置される
場合、このSCを利用することで同じAZ（az-1）にボリュームが作成されます。このように
Topology機能により、ボリュームの生成先のAZを指定できるのです。

　ただし、AZ対応を考える際、このTopology機能を使わなくて良い場合があります。例え
ば、多くのストレージは障害対策向けにストレージ筐体間のミラー機能などを備えています。
これらを使って、AZ障害に対しても保護されている場合、Topology機能をあえて使わなくて
も良い場合があります。利用するストレージの環境や構成を確認した上で、必要に応じて
Topology機能を利用するとよいでしょう。

4.5.6 Generic Ephemeral Inline Volumes

　Generic Ephemeral Inline Volumesは、永続化しないボリュームを提供する機能です。通
常のPVC/PVでは、Podが削除されてもPVC/PVは削除されずに永続化されます。それに対し
て、Generic Ephemeral Inline Volumeでは、Podが削除されると、あわせてPVC/PVも削除
されます。そのため、Podのライフサイクルに併せて一時的に使われるデータの保存場所と

してボリュームが必要なケースなどで利用できます。

　Generic Ephemeral Inline Volumesは、通常のPVC/PVと同様に、CSIの仕様に則って作られています。そのため、CSIドライバが備えるストレージの機能（Volume Snapshotなど）も使用できるのです。

　以下に、Generic Ephemeral Inline Volumesの例を示します。Generic Ephemeral Inline Volumesは、"Inline"と付くように、Pod内にPVCのテンプレート定義を含めて指定します。PodのManifest（ephemeral-vol-pod.yaml）を示しましょう。

● **ephemeral-vol-pod.yaml**

```
apiVersion: v1
kind: Pod
metadata:
  name: ephemeral-test
spec:
  containers:
  - image: ubuntu:22.04
    name: ephemeral-test
    command:
    - sleep
    - infinity
    volumeMounts:
    - name: data
      mountPath: /mnt/data
  volumes:
  - name: data
    ephemeral:  # Ephemeral Inline Volume 定義
      volumeClaimTemplate:  # 自動生成される PVC のテンプレート
        spec:
          accessModes: [ "ReadWriteOnce" ]
          storageClassName: standard
          resources:
            requests:
              storage: 10Gi
```

　Generic Ephemeral Inline Volumes の定義である .spec.volumes.ephemeral 配下の Pod の作成時に、自動生成される PVC のテンプレートを指定します。この Pod の Manifest （ephemeral-vol-pod.yaml）をデプロイします。

```
$ kubectl apply -f ephemeral-vol-pod.yaml
pod/ephemeral-test created
```

作成された Pod/PVC/PV を確認します。

```
NAME                 READY   STATUS    RESTARTS   AGE
pod/ephemeral-test   1/1     Running   0          5m16s

NAME                                        STATUS   VOLUME
persistentvolumeclaim/ephemeral-test-data   Bound    pvc-267093a4-0d63-4ed9-9f0b-d02256b618d8

NAME                                               CAPACITY   ACCESS MODES   RECLAIM POLICY
persistentvolume/pvc-267093a4-0d63-4ed9-9f0b-d02256b618d8   10Gi       RWO            Delete
```

```
CAPACITY   ACCESS MODES   STORAGECLASS   AGE
10Gi       RWO            standard       5m15s

           STATUS   CLAIM                       STORAGECLASS   REASON   AGE
           Bound    default/ephemeral-test-data standard                5m13s
```

Manifest に定義された volumeClaimTemplate に従って、PVC が自動生成された後、PV が自動生成されます。次に、この Pod（ephemeral-test）を削除します。

```
$ kubectl delete pod ephemeral-test
pod "ephemeral-test" deleted
```

PVC/PV も確認します。

```
$ kubectl get pod,pvc,pv
No resources found
```

Podの削除に併せて、PVCとPVも削除されます。このようにPodのライフサイクルにあわせてPVC/PVも削除されるのです。

このGeneric Ephemeral Inline Volumesは、一例として以下のようなユースケースにマッチします。

●画像処理や音声処理のように中間データを出力するアプリケーション

このようなアプリケーションの中間データはサイズが大きくなることから巨大なボリュームを必要としますが、利用が終わった後は不要となります。そのため、Generic Ephemeral Inline Volumesのようにアプリケーションの実行完了後（Pod削除後）にボリュームを削除する機能はマッチします。

chapter 5

ストレージ管理と設計

本章では、ストレージを使っていく上で必要となる管理と設計の考え方を解説します。

ストレージは、複数のサーバからアクセスされるインフラ機器であるとともに、データを守る最後の砦です。例えば、ストレージが設置されているデータセンターは、地震や火事などが発生して停止してもデータが失われることは避けなければなりません。単にデータセンターにストレージを設置しても、安心・安全に使えるわけではないのです。

そのため、前章までに解説したストレージの機能や特性を理解した上で、ストレージの設計を行って適切に運用する必要があります。

5.1 ストレージの選び方

　ユーザーのすべての要件を満たす「銀の弾丸」のようなストレージはありません。ストレージに格納するデータの特性や価値、アクセスするアプリケーションの特性などを考慮し選択することが重要です。

　データには、消失すると企業が倒産してしまうような重要で価値の高いデータから、計算途中で生成される中間データのように消失しても問題ないものなど様々あります。企業によっては、提供するサービスごとにデータの価値が異なる場合もあるでしょう。

　そのためストレージ選びの第一歩は、このようなデータの特性や価値を見定め、どのストレージにどのデータを格納するかの設計となります。こうしたルールを決めた後、次項から述べる考慮点を参考に適切なストレージを選択しましょう。

5.1.1 ストレージの種類と考慮点

ストレージの種類には次の3つがあります。

- ●ブロックストレージ
- ●ファイルストレージ
- ●オブジェクトストレージ

　ストレージの種類を選択する上では、利用するアプリケーション、ネットワーク、性能の3つを考慮する必要があります。

　3つのうち、最も大切な考慮点は利用するアプリケーションです。2章で紹介したように、オブジェクトストレージにはHTTP/HTTPSでアクセスします。そのため、オブジェクトストレージを利用するアプリケーションはHTTP/HTTPSにて読み書きできる機能がサポートされている必要があります。つまり、オブジェクトストレージに対応したアプリケーション以外では、オブジェクトストレージは利用できないのです。

　一方、ブロックストレージやファイルストレージは、一般的なOSがサポートしているRead/Writeの命令セットにてストレージにアクセスします。そのため、ほとんどのアプリケーションで利用できます。

　ただし、ファイルストレージで利用されるNFSやSMBなどのプロトコルはOSの起動後にサービスとして起動されることが多いため、次のようなアプリケーションについてはブロックストレージを利用するとよいでしょう。

- **OS自体が利用するシステム領域**
- **独自ファイルシステムを作成するアプリケーション**
- **ファイル共有のロックが性能に影響するアプリケーション**

　特に、NFSやSMBが起動するよりも前にマウントする必要のあるOS自身が利用するシステム領域ではファイルストレージを利用できないからです。また、リレーショナルデータベースなど一部のアプリケーションには、独自のファイルシステムが必要となるものがあります。そのような場合は、ファイルシステムを変更できないファイルストレージは利用できません。

　さらに、リレーショナルデータベースのようなアプリケーションには、ファイル共有のロックにより性能劣化するものがあります。このようなアプリケーションでは、想定以上の性能劣化が発生し、予期せぬ障害を引き起こすことがあるので注意が必要です。ファイルストレージを利用する場合は、アプリケーションのドキュメントなどで性能への影響がないことを確認した上で利用するとよいでしょう。

　ファイルストレージは、ファイルを複数サーバ間で共通するのに適したストレージです。ファイルを複数サーバから同時にアクセスする場合や、OS付属のエクスプローラーなどでファイル共有するようなユースケースにおいて有効です。ブロックストレージの場合、複数サーバから同時に同じファイルへ書き込みを行うとファイルを保護するロックがなく、ファイルを破壊する可能性があります。

　次に考慮するべきは、ネットワークです。

　ネットワークを考慮する上では、まず、サーバ-ストレージ間のネットワークが、どのような経路を伝って通信されるのかを把握することが必要です。オブジェクトストレージは、HTTP/HTTPSでアクセス可能なため、多くの企業・組織ではFW（ファイアウォール）を超えてアクセスできます。そのため、インターネット経由でもオブジェクトストレージにはアクセスできる場合が多いのです。特に、災害などによるデータセンター自体がダウンしてしまうような場合を想定し、バックアップデータなどを遠方にある外部のデータセンターへ置きたい場合などに有効です。

　一方、ブロックストレージやファイルストレージで使用されるiSCSIやSMBについては、L3レイヤー[1]やL4レイヤー[2]で通信可能なネットワーク上にあるサーバにしかアクセスできません。L3/L4レイヤーはFWを超えてインターネット経由でアクセス許可するためには、様々なセキュリティ対策が必要となることから許可している企業・組織は多くありません。インターネット経由でブロックストレージやファイルストレージへのアクセスが必要な場合は、まず企業・組織のネットワークポリシーを確認する必要があります。

※1　L3レイヤー：OSI参照モデルのネットワーク層（例：IP）
※2　L4レイヤー：OSI参照モデルのトランスポート層（例：TCP、UDP）

最後に考慮するべきは、性能（IO性能）です。

　オブジェクトストレージで利用されるHTTP/HTTPSは、ストレージ向けに開発されたプロトコルではありません。そのため、ブロックストレージやファイルストレージと比べてオブジェクトストレージの性能は高くありません。高速な性能を期待する場合はオブジェクトストレージを避けたほうがよいでしょう。

　ブロックストレージやファイルストレージの性能については、ストレージ製品次第です。ブロックストレージの性能が高いベンダーやファイルストレージの性能が高いベンダーなど、ベンダーの強みは様々です。また、ストレージ製品のカタログなどで表示される性能値はあくまで目安です。これらの性能値の多くはベンチマークソフトなどでの測定値なのです。

　そのため、実際にストレージを利用するアプリケーションのIOの発行のやり方次第では、大きく異なる場合があります。もし可能であれば、ストレージを導入する前に検証機などを使い、実際に利用するアプリケーションを使って性能を測定するほうがよいでしょう。

5.1.2 | アプライアンスストレージと SDS の考慮点

　アプライアンスストレージは専用ハードウェア上に構築されるのに対して、SDSは汎用サーバ上にストレージのソフトウェアをインストールして構築されます。アプライアンスストレージと SDSを選択する上で主に考慮点するべき点は、スケール方法、性能、サポート体制です。

　最初に考慮するべきは、ストレージのスケール方法です。なお、「アプラインスストレージはスケールしない」という話をときどき耳にしますが、これは誤りであり、アプラインスストレージもスケールします。違うのはスケールの方法と単位なのです。

　図5-1に、アプライアンスストレージとSDSのスケール方法と単位を示しました。

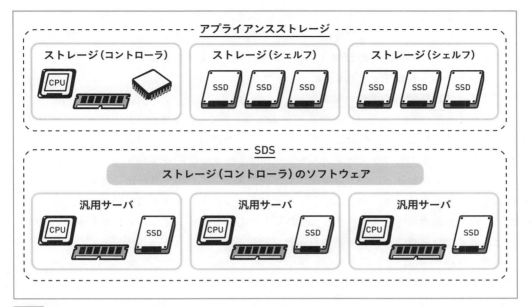

図5-1 アプライアンスストレージと SDS

　アプラインスストレージは、CPU、メモリ、専用チップを持ったコントローラとドライブを詰め込んだシェルフに分かれます。アプライアンスストレージのコントローラは、コントローラを増設してスケールアウトできるものと、コントローラのCPUやメモリを増設してスケールアップするものという2つのタイプがあります。

　スケールアップしかできないコントローラの場合には、搭載できるCPUやメモリの最大搭載量には限りがあるので注意が必要です。ディスクの容量を増設する場合は、新規シェルフを追加するスケールアウトによって増設します。つまり、アプライアンスストレージの場合は、どの部位をスケールさせるかでスケールアップとスケールアウトのどちらの方法で増設するかが異なります。

　一方で、SDS の場合は、CPU、メモリ、ドライブのどれを増設する場合でも基本的には新規サーバを追加するスケールアウトで増設します。特定のサーバのみにCPU、メモリ、ドライブをスケールアップにより増設してしまうと、SDSの性能に偏りが出てしまうため、すべてのサーバの性能を均一化するのが好ましいのです。また、SDSの場合はサーバをスケールアウトにて増設するため、CPUやメモリの総数はアプライアンスストレージのコントローラよりも多く設置できます。

　スケールの単位について、CPUとメモリは、アプライアンスストレージの場合はCPUやメモリ単位で増設し、SDSの場合はサーバ単位で増設します。それに対し、ドライブの増設はアプライアンスストレージやSDSとともに同じスケールアウトでの増設ですが、シェルフ単位となるか、サーバ単位となるかが異なります。

　シェルフは1台あたり10ドライブ以上搭載しているものが多く、巨大なものだと50ドライ

ブを超える大型のシェルフもあります。一方、サーバ単位だと2ドライブから4ドライブ程度のものが多く、シェルフと比べドライブの台数は多くありません。そのため、小刻みに容量を追加していくような運用にはSDSがマッチし、ある程度まとまった容量で追加する運用にはアプライアンスストレージがマッチします。

　次に考慮するべきは性能（IO性能）です。

　上記で述べたようにCPUやメモリの総数はSDSのほうが多くなりますが、ストレージの性能はそれだけでは決まりません。一般に、ストレージのIO性能はアプライアンスストレージのほうが高速な傾向です。アプライアンスストレージは、高性能なIOを実現するために、専用チップや不揮発メモリを使った巨大なキャッシュを備えているものが多いからです。

　それに対して、SDSは汎用サーバ上にソフトウェアをインストールして構築されたストレージのため、台数を増やして高速化させるしかありません。つまり、SDSでIO性能を求めるのであれば、多くのサーバの台数を設置する必要があります。

　また、残念ながらサーバの台数を増やしたからといって、台数に比例して無限にIO性能が高速化されるような魔法もありません。多くのSDSではデータを分割した後、SDSを構築するサーバにデータを送り、分散処理することで高速化しています。そのため、小さなデータの場合、分割数も限られているため、たとえSDSを構築するサーバ数が多くても、実際にIO処理を行うサーバ数はわずか数台となってしまうこともあります。その他にはサーバ間のネットワークが性能のボトルネックになることもあるでしょう。

　このようにSDSで高速なIO性能を求めようとすると、アクセスする単位やネットワークなどを綿密に設計したチューニングが重要となります。専用チップなどによりあらかじめ高速化されたアプライアンスストレージを使うか、チューニングを行い高速化を目指すSDSを利用するかは運用する組織の方針次第です。

　最後に考慮するべきはサポート体制です。

　アプライアンスストレージは、専用ハードウェアのためストレージベンダーより購入してサポートを受けるのが一般的です。それに対して、SDSはベンダーが提供しているSDSを利用する場合と、OSSのSDSを自らの責任で利用する場合があります。ベンダー提供のSDSの場合はベンダーがサポートしてくれますが、OSSのSDSを自らの責任で利用する場合にはサポートがありません。

　では、サポートが受けられないと、どのような問題があるのでしょう。

　まず、大前提として障害の発生しないストレージはありません。障害が発生した際、ベンダーのサポートがあればベンダーの協力の下に復旧処置や障害対策を取ることができます。それに対して、OSSで公開されているものを自らの責任で行う場合は、そのOSSを熟知し、場合によってはソースコードを修正して対応できるエンジニアが必要です。

　OSSのSDSを熟知するエンジニアを揃えられるのであれば、ベンダーに頼らず自らの責任でサポートするのも選択肢の1つです。もし、そのようなエンジニアを揃えられない場合には、障害時にデータを消失しても問題ないような価値の低いデータ向けに限定して利用するなど

リスクヘッジを行う必要があります。このようにサポート体制と運用チームのスキルセット・リスクヘッジなどを考慮し、安心で安全なストレージを選択するとよいでしょう。

5.1.3 | ベアメタルサーバ、VM、コンテナを選択するにあたっての考慮点

ベアメタルサーバ、VM、コンテナのどれを利用するかを検討する際には、ストレージ視点で選択するのはなく、アプリケーション視点で選択するのがよいでしょう。ストレージ視点で選択してしまうと、例えばストレージのIO性能のみを考慮してしまった結果、アプリケーションを柔軟にスケールさせられなくなることがあります。

そのため、まずは運用するアプリケーションの特性を見定めて運用方針を定めた後、ベアメタルサーバ、VM、コンテナのいずれのプラットフォームで動作させるのが適切かを選択するとよいでしょう。

これを踏まえた上で、ストレージ視点の考慮点を説明します。考慮するべきポイントは管理I/F、IO性能の2点です。

まず、管理I/Fについて考慮するべきポイントです。

3章や4章にて、ベアメタルサーバ、VM、コンテナ/Kubernetesでの利用の方法と管理I/Fについて解説しました。ベアメタルサーバではSMI-SやSwordfish、コンテナ/KubernetesではCSIといった標準仕様の管理I/Fがあります。しかし、VMには標準仕様の管理I/Fは存在しません。ストレージがどのような仕様の管理I/Fを備え持つかを調べ、それぞれのプラットフォームにあったストレージを選択するとよいでしょう。

複数ベンダーのストレージを管理するのであれば、標準仕様の管理I/Fを選択するのも有効です。標準仕様の管理I/Fを選択することで、統一化されたモデルや方法で管理ができるだけでなく、異なるストレージを使いこなすための学習コストの削減にも役立ちます。

次に考慮するべきは性能（IO性能）です。

IO性能を考える上で、デバイスとファイルシステムが、ベアメタルサーバ、VM、コンテナでそれぞれどのように配置されているかを理解しておくことが重要です。図5-2に各々の配置を示します。なお、コンテナをVM上で動作させている場合は、VMとコンテナの2階建ての構成となります。

ストレージ管理と設計

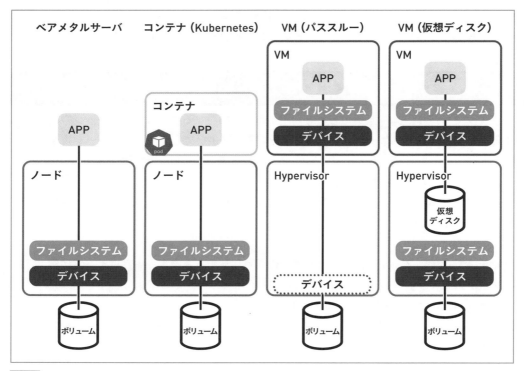

ベアメタルサーバ　　コンテナ (Kubernetes)　　VM (パススルー)　　VM (仮想ディスク)

図5-2 ベアメタルサーバ、VM、コンテナにおけるデバイスとファイルシステムの配置

　ベアメタルサーバは、最もシンプルな構成であり、ノード（サーバ）上にデバイスとファイルシステムがあります。ファイルシステムから読み書きされたデータは、デバイスとそのデバイスを通じてIOをストレージに送受信するドライバ（iSCSドライバなど）によって処理されます。

　コンテナはベアメタルサーバと同様にシンプルな構成であり、ノード上にデバイスとファイルシステムが置かれています。コンテナにはマウントが2段階行われているだけで、デバイスとファイルシステムの構成はベアメタルサーバとあまり変わりません。

　VMは、VM（パススルー）とVM（仮想ディスク、Virtual Disk）に分けられ、それぞれ構成が異なります。VM（パススルー）では、Hypervisor上に構築されたVMにデバイスとファイルシステムが作られます。つまり、複数のVMがある場合、それぞれのVMごとにデバイスとファイルシステムがあるために、Hypervisor上に数多くのデバイスとファイルシステムが作られるのです。

　VM（仮想ディスク）の構成はさらに複雑です。まず、Hypervisor上に仮想ディスク向けのデバイスとファイルシステムが作られます。さらに、VM上にもデバイスとファイルシステムが作られます。このように、2階建て構造を取るのです。

　このデバイスとファイルシステムの配置から、ベアメタルサーバ、コンテナ、VM（パススルー）、VM（仮想ディスク）のIO性能を説明しましょう。

まず、ベアメタルサーバとコンテナはシンプルな構成のため、OSでのロスがなく、ストレージのIO性能を素直に発揮できます。それに対して、VM（パススルー）のシステムにはVMごとにデバイスとファイルシステムがあるため、隣のVMに性能干渉を受けます。そのため、複数VMから同時にIOを発行した場合、HypervisorにてCPU Steal（CPUの奪い合い）によるIO Waitが発生することがあります。これを防ぐには、Hypervisor上に作るVM数や、IOを多く発行するVMを同一のHypervisorに載せないように配置するなどの調整が必要です。VM（仮想ディスク）の場合は、各VMからのIOはHypervisor上の仮想ディスクに書き込まれたタイミングで書き込みが完了となります。その後、Hypervisorにより設定されたタイミングで仮想ディスクのデータを非同期で送り、ストレージへの書き込みを行います。つまり、仮想ディスクがキャッシュのような役割を果たすのです。

　これにより、VMからは直接ストレージにIOを発行しておらず、仮想ディスクへのIOとなるため一般的に性能は高速になります。ただし、HypervisorのCPU・メモリなどのリソースに十分な空きがない場合は、仮想ディスクがボトルネックとなり、逆に性能ダウンするため注意しなければなりません。また、仮想ディスクを利用する場合には、障害時にも注意が必要です。VMがストレージにデータを書き込んだつもりでも、仮想ディスクを挟むため、実際にはストレージにデータが書き込まれていないケースもあります。そのため、障害時にデータを復旧させる場合には、ストレージのデータだけでなく仮想ディスクのデータも考慮して復旧させる必要があります。

5.1.4 ┃ プライベートクラウド、パブリッククラウドの考慮点

　プライベートクラウドサービスとパブリッククラウドサービスのどちらにデータを置いた方がよいかを考える際にも、ストレージの視点のみで考えるのは避けるべきです。データを利用するアプリケーションの特性を考慮した上で選びましょう。

　プライベートクラウドサービス、パブリッククラウドサービスのいずれかを選択する上で考慮するべきは、アプリケーションとデータの配置場所、そしてコストの2点です。それぞれ、考慮するべきポイントを解説しましょう。

　なお、多くのパブリッククラウドは、様々なサービスやAPI、特定のアプリケーションと親和性の高いデータベースなど、ストレージを利用したサービスが用意されており、これらを利用したい場合には、パブリッククラウド一択となります。本項は、こうしたサービスを使わずにパブリッククラウドが提供するブロックストレージ、ファイルストレージ、オブジェクトストレージを利用する場合についての解説となります。

　まず、アプリケーションとデータの配置場所について説明します。機密性の高いデータはパブリッククラウドに置くことはできず、プライベートクラウドに置く必要がある場合もあります。

　一方で、パブリッククラウドとプライベートクラウドのいずれでも問題ないデータもあり

ます。これらの両方のケースで共通して考えないといけないのは、アプリケーションとデータの配置場所です。

図5-3にクラウドにおけるアプリケーションとデータの配置について示します。

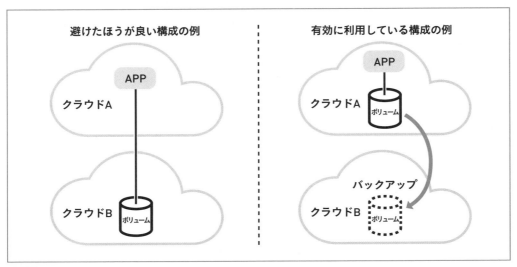

避けたほうが良い構成の例　　　　　有効に利用している構成の例

　クラウドにおけるアプリケーションとデータの配置

図5-3の左図のように異なるクラウド間でアプリケーションとデータを保存するストレージを別々に配置するのは避けたほうがよいでしょう。特にアプリケーションがデータベースのように、ストレージ上のデータへ頻繁にアクセスするような場合は避けるべきです。
理由は3つあります。

1つ目は性能です。クラウド間は一般的にインターネット経由でアクセスします。そのため、アプリケーション-ストレージ間のネットワークの性能は不安定になりがちで、インターネットの混雑具合が影響して、性能も十分に発揮できません。

2つ目は、耐障害性です。クラウド間を跨ったアプリケーション-ストレージ間の接続には、多くのネットワーク機器やインターネットプロバイダーを挟みます。さらには、インターネット経由の場合、中継するインターネットプロバイダーに障害が発生するとアプリケーションやストレージに障害がなくてもダウンします。このように自分たちの組織でコントロールできない障害ポイントを抱え込むのです。

3つ目は、コストです。多くのパブリッククラウドのサービスでは、データをアップロードするのは無料ですが、ダウンロードするのはデータ量に応じた従量課金です。そのため、データへ頻繁にアクセスするアプリケーションの場合には、想定以上にコストが高くなります。

もし、プライベートクラウドとパブリッククラウドの両方を使いたい場合には、アプリケーションとストレージで分けるのでなく、アプリケーションごとに分けて配置するのがよいでしょう。例えば、顧客データのような機密性の高いデータはデータベースとともにプライ

ベートクラウドに配置し、スマートフォンなどから利用されるWeb UIはパブリッククラウドに配置するなどです。

　また、図5-3の右図のように別のクラウドへデータのバックアップデータを送るような使い方は効果的です。バックアップデータの場合、アプリケーション-ストレージ間の性能には影響を与えず、クラウド間でデータを転送できます。ただし、同一クラウド内でバックアップデータを保存するのと比べると、クラウド間でバックアップデータを転送するためデータ転送に時間がかかります。しかし、日に数回程度のデータ転送であれば許容できることもあるのではないでしょうか。

　この構成のメリットは、クラウドAが災害などでデータセンターごとダウンしても、データを失わずに済む点です。また、コスト面においてもバックアップデータの場合はほとんどがアップロードになり、データ転送による課金されないことが多いのです。リストアする場合は、ダウンロードになるためデータ転送で課金されます。しかし、障害復旧であるリストアの実行頻度は高くないため、コストを抑えることができます。このように、アプリケーションとデータのアクセス頻度を考慮しつつ、クラウドにどのようなデータを配置するのかを考えましょう。

　プライベートクラウドサービス、パブリッククラウドサービスのいずれかを選択する上で次に考慮するべきはコストです。

　ストレージはデータを保存するために使われます。そのため、データの保存期間を考慮してストレージのコストを考える必要があります。データの保存期間は、年単位で考えることが多いのではないでしょうか。法令で10年単位での保存が定められているデータや、地形データなど学術的な観点から100年単位での保存が求められるデータなど、様々です。

　プライベートクラウドでストレージを利用する場合、ストレージの機器コストだけでなく格納するデータの保存期間中の電気代や管理者の人件費などを加味してコストを考える必要があります。パブリッククラウドでストレージを利用する場合は、電気代などは節約できますが、データが削除されない限りは毎年右肩上がりにコストが増加していきます。

　プライベートクラウドとパブリッククラウドのいずれが安価になるかは不明です。パブリッククラウドだから安価になるとは限りません。対象となるデータサイズ・保存期間・増加率やプライベートクラウドの運用費（電気代や人件費など）に依存するため、どちらを利用するかは事前に見積もったほうがよいでしょう。

　また、主要なパブリッククラウドでは、長期保存に特化した低コストなオブジェクトストレージを提供しています。このような長期保存向けのストレージは、IO性能は非常に低速なため、アプリケーションから直接利用するのには向きません。しかし、上述したようなバックアップデータを長期保存するケースにおいては、有効な手段です。高頻度にアクセスされるデータはプライベートクラウドのストレージを利用し、長期保存向けのバックアップデータをパブリッククラウドを利用するというような選択肢も生まれます。

このように、プライベートクラウドとパブリッククラウドを選択する際は、利用するアプリケーションやユースケースを踏まえて選択するとよいでしょう。ケースによっては紹介した例のように複数のクラウドを使い分けることも考慮の上で選択してください。

5.2 ストレージ集約とマルチテナント設計

　HDDやSSDのドライブ1台あたりの容量が年々増加し、それに伴ってストレージの総容量も増加しています。そのため、少数のストレージに多数のサーバを接続し、ストレージを集約している組織も多いのではないでしょうか。

　このストレージ集約を行った際、ドライブやポートなど限られたリソースを共有するため、複数サーバ間で干渉しないように考慮して設計する必要があります。ストレージによっては、ポートやストレージプールなどの単位でIOの性能制限（QoS）を設定して性能干渉を抑える機能を有するものもあります。ただし、このような機能を備えている場合においてもアーキテクチャによっては、性能干渉を防ぎきれないため注意が必要です。

　このような場合に有効なストレージの機能に、マルチテナント機能があります。マルチテナント機能は、ストレージのリソースをテナントという単位で分割して提供します。マルチテナント機能で作成されたテナントを各サービスや組織などに割り当てることで、安全なストレージの提供が可能になります。

　例えば、サービスAとサービスBという異なるサービスを1台のストレージに集約する場合、マルチテナント機能を使うことであたかも別々のストレージへアクセスしているように扱えます。

　ただし、このマルチテナント機能には標準仕様のようなものはなく、各ベンダーで異なる実装となっており注意が必要です。代表的なマルチテナント機能の構成パターンを図5-4に示します。

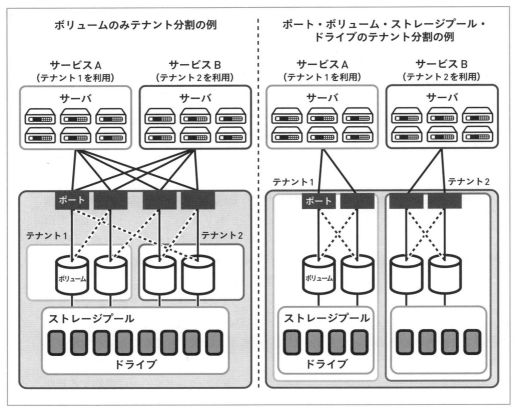

ボリュームのみテナント分割の例

サービスA
(テナント1を利用)　　サービスB
(テナント2を利用)

サーバ　　　　　サーバ

ポート

テナント1　　　　　　テナント2

ボリューム

ストレージプール

ドライブ

ポート・ボリューム・ストレージプール・
ドライブのテナント分割の例

サービスA
(テナント1を利用)　　サービスB
(テナント2を利用)

サーバ　　　　　サーバ

テナント1　　　　　　テナント2

ポート

ボリューム

ストレージプール

ドライブ

図5-4　マルチテナントの代表的な構成パターン

　1つ目の構成パターンは図5-4の左図に示すようなボリュームのみがテナント分割された構成です。この構成の場合、ストレージプール・ドライブやポートは複数テナントで共有されています。

　2つ目の構成パターンは図5-4の右図に示すようなポート、ボリューム、ストレージプール、ドライブがテナント分割されている構成です。この構成では、各リソースがテナントごとに分かれているため、ボリュームのみ分割された場合に比べて独立性が高くなります。なお、この構成を備えているストレージの場合、ポートとボリュームのみをマルチテナント化し、ストレージプール・ドライブは共有させるといった柔軟な設計が可能なものもあります。

　どちらのマルチテナント機能を使ってテナント設計すればよいかを考える上では、セキュリティ、性能干渉、容量独立性、集約率の4つを考慮することが重要になります。

表5-1　テナント設計にあたり考慮すべきこと

	ボリュームのみ テナント分割	ポート、ボリューム、ストレージプール、 ドライブのテナント分割
セキュリティ	△	○
性能干渉	×	○
容量干渉	×	○
集約率	○	×

　まずは、セキュリティについて考慮するべきポイントです。

　マルチテナント機能では、テナント毎に専用の管理者を割り当ててアクセスします。これにより、サービスAで利用しているストレージの管理者の権限では、テナント1のリソースにしかアクセスできません。サービスBが利用しているテナント2のリソースにはアクセスできないのです。

　このようにサービスAとサービスBで利用するストレージへの管理者を分けることで、誤って隣のテナントへアクセスしてボリュームを削除するなどの事故を防ぐことができます。ただし、図5-4の左図に示すようにボリュームのみをテナント分割する場合は、共有リソースとなるポートやストレージプール・ドライブに対するアクセス権には注意する必要があります。例えば、テナント1の管理者権限でポートをダウンさせたりストレージプールの容量を縮小させたりすると、テナント2にも影響して最悪のケースではサービスBをダウンさせてしまいます。

　このような事故を防ぐには、共有リソースついてはテナントごとの管理者には設定操作の権限を与えず、ストレージの全リソースを管理する全体管理者にのみ権限を付与する必要があります。ポートの設定やストレージプール・ドライブの設定を変更する際には、全体管理者がサービスA・Bと調整した後に、実施するようにするのです。

　次は、性能干渉で考慮するべきポイントです。

　図5-4の左図に示すようなボリュームのみをテナント分割する場合は、ポートやストレージプール・ドライブが共有されているため、これらのリソースにて各テナント間の性能干渉が発生します。たとえば、テナント1で高負荷なIO（Read/Write）が発生している場合、テナント2の性能も劣化します。

　それに対して、図5-4の右図のようにボリュームだけでなくポート・ストレージプール・ドライブが分割されている場合は、性能干渉が起きにくいのです。ただし、この構成の場合でも、コントローラのCPUなど共有されるリソースは必ずあります。そのため、CPUなどのリソースを特定のテナントのみが過度に使いすぎないようにするため、IOPS（IO Per Second）やスループットの上限値を設定するとよいでしょう。

　容量干渉で考慮するべきポイントは以下の通りです。

　容量干渉とは、テナントA内に巨大な容量のボリュームを作りすぎてしまったために、テ

ナントBがストレージプールの容量不足を起こしてボリュームを作成できなくなる現象です。図5-4の左図に示すようにボリュームのみをテナント分割する場合は、ストレージプール・ドライブを各テナントで共有するため、容量干渉が発生します。

それに対して、図5-4の右図のようにボリュームだけでなく、ポート、ストレージプール、ドライブが分割されている場合は、ストレージプール・ドライブが分離されているため、容量干渉が発生しません。ボリュームのみをテナント分離して、容量干渉を防ぎたい場合には、クオータ（quota）設定の導入を検討しましょう。

クオータは、ストレージだけでなくOS・Hypervisor・Kubernetesなど様々なレイヤーで設定できます。テナント単位やボリューム単位でクオータを設定できるストレージもあります。ボリューム単位で設定する場合には、各ボリュームの容量と予測されるボリューム数を考慮して設定しましょう。

OS・Hypervisor・Kubernetesのレイヤーのクオータではボリューム単位で設定することになります。この場合もストレージと同様に、各ボリュームの容量と予測されるボリューム数を考慮して設定するとよいでしょう。ただし、OS・Hypervisor・Kubernetesのレイヤーでのクオータは、もし設定し忘れたサーバが存在すると、そのサーバからは容量干渉を起こせてしまうために注意が必要です。容量干渉を確実に防ぎたいときには、できるだけストレージでクオータを設定するとよいでしょう。

最後は集約率について考慮すべきポイントです。

図5-4の右図のようにボリュームだけでなく、ポート、ストレージプール、ドライブがテナント分割されている場合には、各リソースを占有するために集約率は低くなります。例えば、1TBのSSDを多数搭載したストレージにて、テナント1は700GBを利用して、テナント2は1TBを利用するケースを考えます。

多くのストレージでは同じ容量のドライブしか搭載できません。このような構成のストレージにおいて図5-4の左図のようにストレージプールを共有する場合は、RAID5の最低ドライブ数である3本のSSDを使ってストレージプールを提供します。しかし、図5-4の右図のようにストレージプールが分割されている場合は、テナントごとにストレージプールが必要となります。

そのため、3本のSSDを使いRAID5を組んだストレージプールが2つ必要となり、ドライブ数としては合計6台のSSDが必要です。このように、テナント1の場合700GBしか利用しなくても1TBのSSDを3本使うことになり、余分なリソースが出ることからしばしば集約率は低くなるのです。

マルチテナント機能は複数サービスのデータを集約する際に非常に便利な機能ですが、ストレージにより対象となるリソースが異なるため、上記の4点を考慮した適切なテナント設計が重要です。また利用するストレージにマルチテナント機能が存在しない場合は、ストレージの集約率は下がりますが、安定運用のためにもサービスごとに別々のストレージを設置することも視野に入れましょう。

5.3 障害に強い構成の設計

　ストレージは、障害が発生してもデータを失ってはいけません。そのためには、あらかじめ障害に強い構成を組まなくてはなりません。図5-5に想定される障害のパターンを示し、各パターンごとの障害対策の構成を説明します。

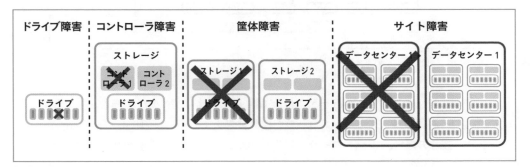

図5-5 障害のパターン

(1) ドライブ障害の対策

　まず考慮するべき障害のパターンは、ドライブ障害です。

　特に大規模なストレージを運用する場合、ドライブ数が数千台・数万台以上と非常に多くなるため、たとえ故障率が非常に低くても必ずドライブの故障に遭遇します。このようなドライブ障害の対策に、2.1.1節にて詳しく解説したRAIDやTriple Replicationがあります。これらのデータ保護の機能を使い、ドライブ障害に備えた構成を組むとよいでしょう。

(2) コントローラ障害の対策

　次に考慮するべき障害のパターンは、コントローラ障害です。

　コントローラ上のCPU・メモリ・ポートなど各コンポーネントの故障により、コントローラ障害が発生します。さらに、コントローラ障害は各コンポーネントの故障だけでなく、停電などによるコントローラの停止などによっても発生します。

　また、コントローラは障害発生時だけでなく、バージョンアップ時にも停止しなくてもなりません。このようなケースでも、コントローラの停止によってストレージにアクセスできない事態を防ぐ必要があります。こうしたコントローラの障害対策を図5-6に示します。

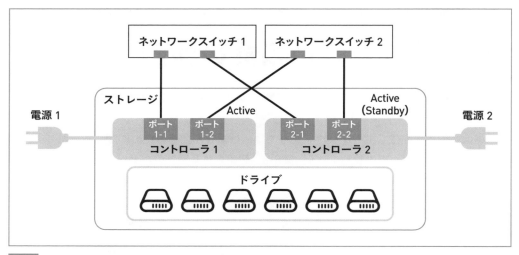

図5-6 コントローラの障害対策

　コントローラの障害対策としてまず行うべきは、コントローラの冗長構成を組むことです。アプライアンスストレージの多くは、コントローラを複数台備えており、HA（High Availavility）構成が可能です。SDSの場合、コントローラの各機能のコンポーネントを複数サーバに設置しHA構成を組むとよいでしょう。

　コントローラのHA構成については、Active（稼働）-Active（稼働）構成またはActive（稼働）-Standby（待機）構成の2パターンがあります。どちらが利用できるかは製品によって異なるため、各製品のドキュメントを確認の上で設定してください。さらに、可能であれば各コントローラの電源も別々の電源に接続するとよいでしょう。もし、電源1を接続している電力系統のブレーカが落ちても、電源2の電力系統が生きていればストレージはコントローラ2により継続稼働できます。

　同様に、ストレージに接続されるネットワークスイッチについても、複数のネットワークスイッチに接続して冗長構成を組むことでネットワーク障害にも耐え得るストレージとなります。このように、コントローラ自身のHA構成だけでなく電源やネットワークスイッチへの接続についても障害を考慮した配線とすることで、より障害に強い構成となります。

(3) 筐体障害の対策

　次の障害パターンは、ストレージの筐体障害です。（1）（2）のようにストレージ内のドライブやコントローラの障害対策を行ったとしても、ストレージの筐体自体がダウンしてしまうこともあります。また、ストレージ筐体の交換などでも筐体をダウンさせる必要があります。このように、たとえストレージの筐体が1台ダウンしても、サーバから継続してデータへアクセスできるようにする必要があります。

　筐体の障害対策については図5-7に示します。

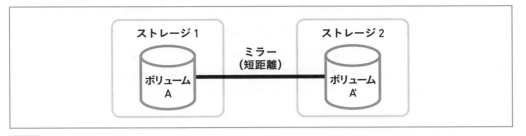

図5-7　筐体間のリモートミラー

　筐体の障害対策はまず、筐体がダウンしても継続しデータへアクセスできるようにするため、別の筐体との間でボリュームのリモートミラーを組むことです。ミラーについては、2.1.4節で解説しているので参照ください。

　ミラー先は、可能であればAZ（Availability Zone）と呼ばれる空調や電源などが別々となっている場所にあるストレージの筐体がよいでしょう。AZの仕様はデータセンターの設計ポリシーによって様々ですが、多くのデータセンターではデータセンター内の部屋や棟が分けられ、空調や電源設備などが分断されています。つまり、別々のAZに設置されたストレージの筐体間でミラーを組むことでAZ障害にも対応できます。また、ミラーの同期/非同期のいずれを利用するかは、ストレージの筐体間をつなぐネットワーク速度を考慮して選択するとよいでしょう。

（4）サイト障害の対策

　最後の障害パターンは、サイト障害です。リージョンとも呼ばれるサイトは、データセンターのある地域を指します。地震などの災害により、データセンターのある地域が被災して、データセンター自体の運用継続が困難になることがあります。

　このような場合でも、ストレージのサービスを止めずにデータへアクセスできるように対策しておくことが重要です。こうしたサイト障害のような災害対策は、ディザスタリカバリー（Disaster Recovery）とも呼ばれます。

　サイト障害の対策を図5-8に示します。

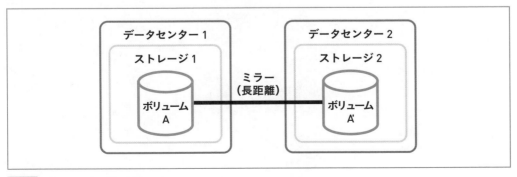

図5-8　データセンター間のミラー

chapter 5

ストレージ管理と設計

サイト障害の対策では、異なるサイトにあるデータセンター間を跨ったリモートコピーを組みます。筐体障害の対策とは異なり、サイト障害の対策ではリモートミラーの距離が長距離になります。そのため、データセンター間を接続するネットワークもしばしば高速が望めずに、利用するミラーも非同期となります。さらに、全ボリュームをミラーすると、データセンター間のデータ通信量が膨大となるため、必要なボリュームのみを選別してミラーを組むことになるでしょう。

　以上のように様々な障害が発生しても耐えられるように、（1）〜（4）に示すようにストレージを構成して運用することが重要です。また、特に（3）筐体障害の対策と（4）サイト障害の対策ではストレージ筐体やサイトの切り替えによって、サーバ-ストレージ間の接続にあたってダウンタイムが発生します。そのため、どの程度のダウンタイムを許容できるかについてユーザーと認識を合わせた後、構成を検討するとよいでしょう。

　5.3節にて障害に強いストレージの構成について解説しました。しかし、ストレージに格納されたデータは、障害以外にも、人為的なミスやアプリケーションのバグなどストレージから失われるケースは珍しくありません。重要なデータを失えば、企業の倒産や社会的・歴史的な資産損失などを引き起こしかねません。このような事態を避けるために、バックアップの実施は非常に重要です。

　ただし、バックアップの実施では、バックアップデータを保持するストレージのコスト、IO負荷、運用負荷などもかかります。バックアップは、いわばデータ損失に備える保険です。一般的なストレージの利用においては、バックアップデータを使うことはほぼありません。そのため、データの価値に応じてバックアップ計画を設計する必要があります。

5.4.1 | RPO/RTO の策定

　バックアップ計画の設計する上では、まずはバックアップのサービスレベルを決める必要があります。バックアップのサービスレベルは、RPOとRTOで定義されます。

　図5-9にRPOとRTOを示します。

chapter 5

ストレージ管理と設計

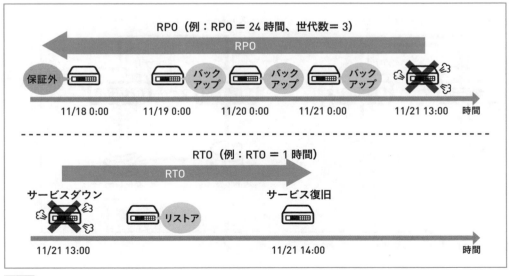

図5-9 RPO と RTO

● RPO（Recovery Point Objective）
  ・障害発生時に過去の「どの時点まで」のデータを復旧させるかの目標値
  ・この値により、バックアップ間隔や保存数を決定
  ・（例）RPO＝24時間（24時間間隔のバックアップ）
● RTO（Recovery Time Objective）
  ・障害発生時に「どのくらいの時間」で復旧させるかの目標値
  ・この値により、バックアップ方法やバックアップ先のストレージが決定

　RPOを検討する際、併せてバックアップする世代数（何回分のバックアップデータを保持するか）も決めましょう。世代数を決めておかないと、バックアップされたデータを削除するタイミングがなくなり、バックアップデータの容量が増加し続けます。

　一例として、100GBのボリュームのバックアップをRPO=24時間で世代数を決めずに運用して1年が経過した場合、バックアップデータの容量は36.5TB（＝100GB x 365日）にもなります。バックアップするデータの価値とバックアップデータを保存しておくストレージにかけるコストや運用負荷を考慮し、RPO、RTO、世代数を策定するとよいでしょう。

5.4.2 ｜ バックアップ方法の選び方

　次に、バックアップ方法の選び方について説明します。バックアップには、大きく分けてサーバサイドバックアップとストレージサイドバックアップという2つの方法があります。

　図5-10にサーバサイドバックアップとストレージサイドバックアップを示します。

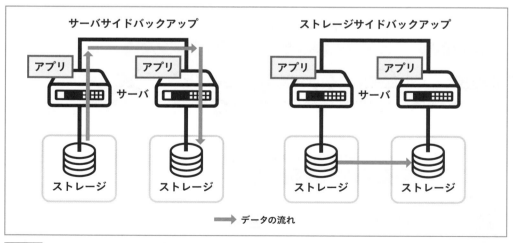

図5-10　サーバサイドバックアップとストレージサイドバックアップ

142

●サーバサイドバックアップ
- ・サーバやアプリケーションにてバックアップを実施
    - ・（例）rsync、xtrabackupなど
- ・利点：ストレージの機能に頼らずバックアップが可能
- ・欠点：サーバやアプリケーションに負荷がかかる

●ストレージサイドバックアップ
- ・ストレージの機能にてバックアップを実施
    - ・（例）スナップショットやクローンなど
- ・利点：サーバやアプリケーションに負荷がかからない
- ・欠点：ストレージの機能に依存

違うベンダーのストレージ間やブロック、ファイル、オブジェクトストレージの異なる種類間でバックアップを実施する場合は、ストレージの機能に依存しないサーバサイドバックアップを利用します。ただし、サーバサイドバックアップはサーバやアプリケーションに多大な負荷がかかるため、運用中のアプリケーションの性能低下につながります。サーバサイドバックアップは、夜間など運用中のアプリケーションの性能が低下しても、影響が少ない時間帯に実施するのがよいでしょう。

一方、ストレージサイドバックアップでは、サーバやアプリケーションへの性能影響は防げます。しかし、ストレージの機能に依存してしまうため、異なるベンダーのストレージ間でバックアップデータを流用できないこともあり、注意が必要です。以下に、ストレージサイドバックアップで利用することの多いスナップショットとクローンについて示します。なお、スナップショットとクローンの詳細な説明については2.1.4節を参照ください。

●スナップショット
- ・ある時点のデータ（Point in time）を保持する機能
- ・多くのストレージでは元ボリュームの差分データのみを保持するため、消費容量が少ない
    - ・ただし、保持するのは差分データのみであるため、復旧（リストア）時には元ボリュームが必要（元ボリュームにもIO負荷あり）
- ・差分データの保持領域のみが確保され、データコピーは発生しないため、実行は秒オーダーで完了するものが多い
    - ・COW（Copy On Write）を採用しているものが多く、データ書き込みが発生した時に非同期で保持領域へ差分データをコピー

●クローン

- ・ボリュームのコピー
- ・多くのストレージでは元ボリュームのデータを完全にコピーするため、消費容量が多い
  - ・ただし、リストア時に元ボリュームがなくても復旧可能
- ・データの完全コピーとなるため、データ容量に応じて実行時間や負荷がかかる
- ・ローカルは、同じストレージ機器内にクローンを作成
- ・リモートは、別のストレージ機器にクローンを作成（ネットワーク速度に依存した実行時間）

　スナップショットとクローンは、想定する損傷箇所、RTO、バックアップデータの容量に応じて使い分ける必要があります。まず、損傷箇所について図5-11を用いて説明しましょう。

データ損傷
- ・特定のデータのみ破損
- ・アプリケーションのバグなどで破損するケースもある

ボリューム損傷
- ・ドライブの多重障害やコントローラ障害などで特定のボリュームが損傷

筐体損傷
- ・筐体全体が損傷
- ・地震などの災害によるサイト障害も含む

図5-11　損傷箇所

　バックアップが有効な損傷箇所は大きく分けて、データ、ボリューム、筐体の3つです。データ損傷では、オペレーションミスやアプリケーションのバグなどにより、データが損傷します。またボリューム損傷では、ドライブ障害やコントローラ障害などにより特定のボリュームのみが損傷し、筐体損傷では筐体障害やサイト障害により筐体自体にアクセスできなくなります。

　スナップショットとクローン（ローカル/リモート）について、損傷箇所ごとの有効性、制約、バックアップ・復旧時間などを表5-2に示します。

表5-2 損傷箇所ごとの有効性、制約、バックアップ・復旧時間など

	スナップショット	クローン（ローカル）	クローン（リモート）
データ損傷時の復旧が可能か	可	可	可
ボリューム損傷時の復旧が可能か	不可	可	可
筐体損傷時の復旧が可能か	不可	不可	可
復旧先の制約	元ボリュームと同一ストレージ内のみ	元ボリュームと同一ストレージ内のみ	別ストレージでも可
バックアップにかかる時間	短時間	中時間	長時間
復旧にかかる時間（RTO）	短時間	短時間（スナップショットと同等以上が多い）	長時間
バックアップデータの容量（コスト）	小（差分データのみ）	大（元ボリュームとほぼ同等※）	大（元ボリュームとほぼ同等※）

※ 圧縮や重複排除により容量を削減するものもある。

　どのような損傷箇所においても、復旧可能なのはクローン（リモート）です。ただし、バックアップや復旧にかかる時間やバックアップデータの容量が大きくなってしまいます。これに対して、スナップショットはデータ損傷のみにしか有効ではありませんが、バックアップや復旧にかかる時間やバックアップデータの容量は小さくなります。これらの特徴を考慮し、適切なバックアップ方法を選択する必要があるのです。

5.4.3 バックアップ計画の例

　バックアップ計画では、RPO/RTOの策定とそれを満たすためのバックアップ方法を適切に選択する必要があります。また、RPO/RTOは障害時の損傷箇所などを考慮し、複数のサービスレベルを策定するとよいでしょう。以下の例では、損傷箇所に応じてRPO、PTOを設計しています。

[例]

●データ損傷に関する目標値
　・RPO＝30分（世代数：48（24時間分保持））、RTO＝5分
●ボリューム損傷/筐体損傷に関する目標値
　・RPO＝24時間（世代数：3（3日分保持））、RTO＝1時間

上記のようにRPO/RTOを策定した場合、以下のようなバックアップ方法と実行間隔になり

ます。

●**30分間隔でスナップショットを実行**
　・48個を超えた場合は、最も古いスナップショットから削除
●**1日に1回、クローン（リモート）を実行**
　・3個を超えた場合は、最も古いクローンから削除

5.4.4 ｜ バックアップの流れ

アプリケーションのデータをバックアップする際の代表的なフローを図5-12に示します。

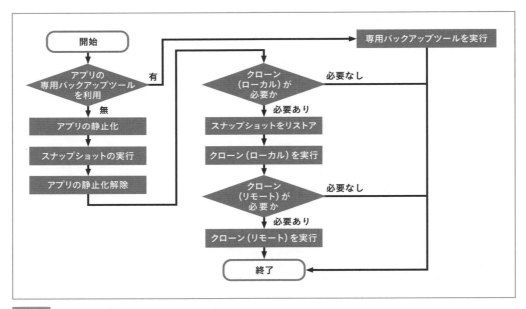

図5-12 バックアップの流れ

　まず、アプリケーションによっては専用バックアップツールを備えているものがあります。
これを利用する場合は、専用バックアップツールを利用します。利用しない場合は、バック
アップを行う最初のステップとして、アプリケーションの静止化（Quiesce）を行います。静
止化は、アプリケーションがデータを書き込み中にバックアップを実施することで、いざリ
ストアしようとしたときにデータが壊れて利用できないことを防ぐ重要な操作です。

　バックアップ中に停止しても問題がなければ、アプリケーションは停止してください。こ
のようなアプリケーションを停止した状態で行われるバックアップは、オフラインバックア
ップと呼ばれます。

　一方、アプリケーションを停止できずに起動したままで行うバックアップはオンラインバ

ックアップと呼ばれます。オンラインバックアップの場合、アプリケーションの静止化はアプリケーションごとにやり方が異なります。統一されたやり方は存在しないため、アプリケーションのドキュメントを参考の上、静止化および静止化解除を実施してください。データベースのようなアプリケーションは、多くの場合、オンラインバックアップを想定して静止化機能や書き込みだけロックをかける機能を有しています。

　また、静止化機能がなくファイルシステムの整合性が保証されていれば十分な場合は、ファイルシステムの静止化を行うコマンド（fsfreeze）を利用する方法もあります。なお、アプリケーションの静止化中に書き込まれたデータはメモリなどに一時保存される場合が多く、長時間の静止化はメモリ溢れなどの危険を伴います。

　そのため、静止化する時間を極力短くするため、短時間での実行が可能なスナップショットを活用するとよいでしょう。この静止化→スナップショット→静止化解除は、5.4.3節のバックアップ計画の例のように比較的短い時間間隔で繰り返し実行することも推奨します。

　次にクローンを実施します。クローン（リモート）には時間がかかるため、稼働中のアプリケーションが長時間、性能低下します。特に、ブロックストレージやファイルストレージのデータをオブジェクトストレージにバックアップする場合などは、サーバサイドバックアップとなり性能低下は大きくなります。そこで、スナップショットからリストアしてクローン（ローカル）することで、新たなボリュームとして複製し、稼働中のアプケーションが利用しているボリュームの性能低下を短時間に抑えます。

　スナップショットからリストアのボリュームを直接利用する場合、差分のないデータについてはアプリケーションが利用しているボリュームへアクセスされてしまい、性能低下を引き起こします。そのため、クローン（ローカル）と組み合わせるとよいでしょう。さらに、アプリケーションが稼働するサーバとは別にバックアップを行うための専用サーバ（バックアップサーバ）を利用してクローン（リモート）することで、さらに性能低下を防げます。

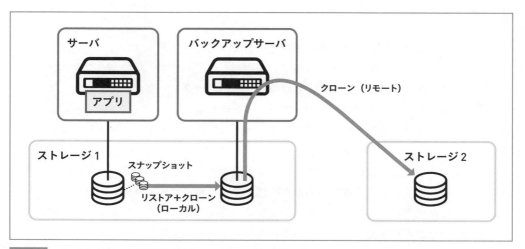

図5-13　バックアップサーバを利用したクローン（リモート）の例

最後に、クローン（ローカル）が不要な場合には、クローン（リモート）の完了後に削除するとよいでしょう。このように、アプリケーションへの影響を少なくするため、スナップショットやクローンの特徴を活かしてバックアップを行うのです。

5.4.5 リストアの流れ

リストアしなければならない状況では、アプリケーションが停止していることが多いでしょう。アプリケーションは稼働中であるものの、過去のある時点のデータに巻き戻したい場合には、別サーバにリストアしたデータでアプリケーションを稼働させた後、サーバを切り替えるとよいでしょう。バックアップデータからリストア（復旧）する際の代表的なフローについて図5-14に示します。

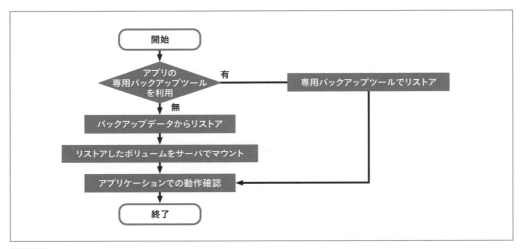

図5-14 リストアの流れ

まず、アプリケーションの専用バックアップツールを使ってバックアップを行った場合は、専用バックアップツールを使ってリストアします。専用バックアップツールのバックアップは独自形式のデータでバックアップされることが多く、専用バックアップツールでしかリストアできないことがあります。専用バックアップツールを使わずにクローン（リモート）などでバックアップを行った場合は、クローン（リモート）にてバックアップデータからリストアを実行します。

リストアが完了したボリュームをアプリケーションが稼働するサーバにマウントさせ、アプリケーションで正しくリストアできているかを確認します。特にサーバサイドバックアップにてバックアップした場合、一見正しくリストアできているように見えてもファイルの所有者やパーミッションなどが書き変わっていることがあります。必ずアプリケーションにて動作確認を行ってください。

また、このリストアという操作は、障害時の復旧など日頃実施する操作ではありません。そのため、いざ障害復旧しようとした場合、バックアップデータからリストアが失敗してしまって、復旧できない不幸な状況になるケースがあります。これは、ストレージやサーバサイドバックアップで使用するツールのバージョンアップなどにより、正しいバックアップデータが作成できていないことに気が付いていない場合に発生しやすいのです。

　これを防ぐためにも、定期的にリストアできるかを検証し、いざというときに焦らず復旧できるように備えることを推奨します。

5.5 監視設計

　ストレージを運用する上で、日々正常にストレージが稼働しているかを監視することは重要です。図5-15に監視画面の例を示します。

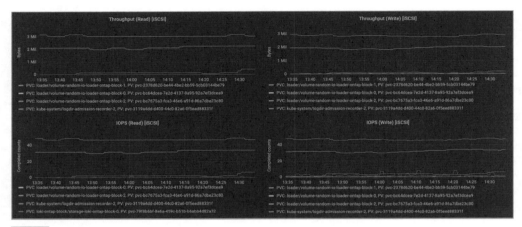

Throughput (Read) [iSCSI]
3 Mil
2 Mil
1 Mil
0
13:35 13:40 13:45 13:50 13:55 14:00 14:05 14:10 14:15 14:20 14:25 14:30
PVC: loader/volume-random-io-loader-ontap-block-1, PV: pvc-2378d620-be44-4be2-bb59-5cb03144ba79
PVC: loader/volume-random-io-loader-ontap-block-0, PV: pvc-bc64dcea-7e2d-4137-8a95-92a7ef3dcea9
PVC: loader/volume-random-io-loader-ontap-block-2, PV: pvc-bc7675a3-fca3-46e6-a91d-86a7dbe23c80
PVC: kube-system/logdir-admission-recorder-2, PV: pvc-3119a4dd-d400-44c0-82a6-0f5eed88331f

Throughput (Write) [iSCSI]
3 Mil
2 Mil
1 Mil
0
13:35 13:40 13:45 13:50 13:55 14:00 14:05 14:10 14:15 14:20 14:25 14:30
PVC: loader/volume-random-io-loader-ontap-block-1, PV: pvc-2378d620-be44-4be2-bb59-5cb03144ba79
PVC: loader/volume-random-io-loader-ontap-block-0, PV: pvc-bc64dcea-7e2d-4137-8a95-92a7ef3dcea9
PVC: loader/volume-random-io-loader-ontap-block-2, PV: pvc-bc7675a3-fca3-46e6-a91d-86a7dbe23c80
PVC: kube-system/logdir-admission-recorder-2, PV: pvc-3119a4dd-d400-44c0-82a6-0f5eed88331f

IOPS (Read) [iSCSI]
40
20
0
13:35 13:40 13:45 13:50 13:55 14:00 14:05 14:10 14:15 14:20 14:25 14:30
PVC: loader/volume-random-io-loader-ontap-block-0, PV: pvc-bc64dcea-7e2d-4137-8a95-92a7ef3dcea9
PVC: loader/volume-random-io-loader-ontap-block-2, PV: pvc-bc7675a3-fca3-46e6-a91d-86a7dbe23c80
PVC: kube-system/logdir-admission-recorder-2, PV: pvc-3119a4dd-d400-44c0-82a6-0f5eed88331f
PVC: loki-ontap-block/storage-loki-ontap-block-0, PV: pvc-79f8b6bf-8e6a-459c-b51b-b6abb4d82a32

IOPS (Write) [iSCSI]
40
20
0
13:35 13:40 13:45 13:50 13:55 14:00 14:05 14:10 14:15 14:20 14:25 14:30
PVC: loader/volume-random-io-loader-ontap-block-1, PV: pvc-2378d620-be44-4be2-bb59-5cb03144ba79
PVC: loader/volume-random-io-loader-ontap-block-0, PV: pvc-bc64dcea-7e2d-4137-8a95-92a7ef3dcea9
PVC: loader/volume-random-io-loader-ontap-block-2, PV: pvc-bc7675a3-fca3-46e6-a91d-86a7dbe23c80
PVC: kube-system/logdir-admission-recorder-2, PV: pvc-3119a4dd-d400-44c0-82a6-0f5eed88331f

図5-15　監視画面の例

　ストレージの管理APIや管理ソフトからは、監視のための様々な情報が得られます。ただし、監視情報が得られるからと言って、何も考えずに性能やステータスなどに関する様々な値やグラフを並べて表示しても意味はありません。下手に監視項目を増やしすぎると、情報量が多くなりすぎて知りたい情報にたどりつけなくなり、運用効率が下がることもあるので注意しましょう。

　また、すべての人にとって有効で万能な監視方法はありません。これは、監視対象であるストレージの種類や構成、そして使われ方が異なるだけでなく監視する人の組織によって監視する目的や注意すべき項目が異なるからです。さらに、ストレージの利用ユーザー数や使われ方が変わるたびに監視項目を見直さなくてはなりません。本項では、監視を設計する上で考慮すべきポイントを筆者の経験に基づいて解説します。

　監視において何よりも重要なのは、「誰が何のために監視するのか」を考えて設計することです。「誰が」についてはまず、ストレージの利用ユーザーなのか、またはストレージの管理者なのかを明確にすることが重要になるのです。それぞれの視点で監視したい・しなければならない項目が異なるためです。

　図5-16にそれぞれの監視の視点を示します。

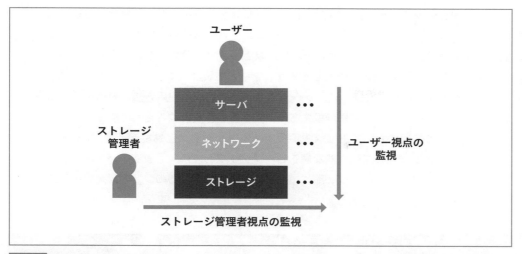

図5-16　監視の視点

　ユーザー視点では、サーバから見たストレージの監視が重要です。ユーザーは、サーバもしくはサーバ上で動作するアプリケーションが利用するストレージの性能やステータスが気になるからです。そのため、サーバやアプリケーションが利用しているストレージの性能がつねに出ているかなどを監視しなくてはなりません。また、ユーザーは自分の使っているボリュームの性能などは気にしますが、他のユーザーの性能は気にしません。さらに、他のユーザーのボリュームの情報が取得できてしまうのはセキュリティ上も望ましくないでしょう。そのため、ユーザー視点では、垂直方向の視点でストレージを監視するのです。

　一方、ストレージ管理者視点では、複数台のストレージを監視することが重要です。ストレージは5.2節に示すように複数ユーザーから利用されることが多いインフラ機器です。そのため、ストレージ管理者は特定ユーザが利用しているボリュームだけでなく、すべてのユーザーが利用しているボリュームについて監視する必要があります。例えば、あるユーザーのIOが増えてきた際、他のユーザーのボリュームに性能干渉を起こしていないかを監視します。このようにストレージ管理者は水平方向の視点でストレージを監視するのです。

　なお、このユーザー視点の監視とストレージ管理者視点の監視は、どちらか一方で十分なわけではありません。例えば、ネットワーク遅延が発生している場合、サーバはIOを多量に発行しているものの、ストレージにはIOが入っていない状態も起こります。このような状態は、ユーザー視点とストレージ視点の監視項目を突き合わせることで判明するため、ネットワークの深堀り調査へと進めるのです。このように、いざというときに突き合わせられるように両視点の監視項目を設計するとよいでしょう。

　また、パブリッククラウドを利用する場合、ユーザー視点での監視用のサービスが提供されていることもあります。そのため、これらのサービスを活用することも考慮したほうがよいでしょう。パブリッククラウドを運営する企業の内部のストレージ管理者が、ストレージ

管理者視点の監視を行っています。なおこうしたサービスを利用する場合、独自の監視項目ではなく、あらかじめ提供されている監視用のサービスにおける監視項目の値で監視しないと、性能劣化時や障害時などで問い合わせ時に想定以上の時間を要することがあります。

　次に考慮するべきは、「何のために監視するのか」を考えて設計することです。ただし「何のために監視するのか」の考え方は、ストレージやサーバの構成・利用方法・組織体系によって異なります。そこで、「何のために監視するのか」を考えて設計するための前提知識として、主なストレージの監視において主な監視項目であるステータス、性能、容量/コストについては、5.5.1節から5.5.3節にて代表的な値をピックアップして解説しましょう。その上で、筆者の経験に基づいて、5.5.4節と、5.5.5節にて「何のために監視するのか」の考え方を紹介します。

5.5.1 ステータス監視

　ステータス監視とは、ストレージの各コンポーネントが正常に稼働しているかの状態を監視することです。

　ポート、コントローラ、ボリューム、ドライブなどのコンポーネントについては、ステータスを監視するとよいでしょう。ポート・コントローラ・ドライブのステータスは多くの場合、「正常状態（online）」「停止状態（offline）」「異常状態（error）」で示されます。一方、ボリュームのステータスには多くの場合、これらに加えて「デグレード状態（degrade）」があります。デグレート状態とは、ドライブ障害が発生したためにRAIDなどのデータ保護機能による自動復旧中のため性能が低下している状態などです。

　デグレード状態も把握できるように監視することで、ボリュームの性能低下が発生した際の原因究明が速くなります。各コンポーネントがどのようなステータスかは、ストレージの機器によって異なるため、各ストレージのドキュメントを確認してください。

5.5.2 性能監視

　性能監視には、主にIO性能監視とオペレーション性能監視の2つがあります。

　IO性能監視では、Read/Write命令などといったデータの読み書きの性能を監視します。一方、オペレーション性能監視では、ボリューム作成などといった管理用APIの性能を監視します。

　まずは、IO性能監視で主に利用される指標値を紹介しましょう。

●レイテンシー（Latency）
　・I/O要求を行ってから要求実行が完了するまでの時間

●スループット（Throughput）
- 単位時間あたりのデータ転送量
●IOPS（Input/Output Per Second）
- 1秒間に読み書きできる回数

　これらの指標値が、サーバで計測された値であるか、ストレージで測定された値であるかについては注意が必要です。サーバで測定された値には、サーバ-ストレージ間のネットワークも含まれます。一方、ストレージで測定された値は、多くの場合、ストレージのポートからストレージ内部までの値であり、ネットワークでの値は含まれません。

　レイテンシーは、値が低いほど遅延が少ないことを示します。サーバから取得した値とストレージから取得した値に大きな剥離がある場合は、ネットワーク遅延が影響している可能性があります。

　スループットとIOPSは、いずれもストレージの速さを示す指標値です。このどちらの値を重視するかは、発行されるIOのパターンによって変わってきます。IOのパターンを図5-17に示します。

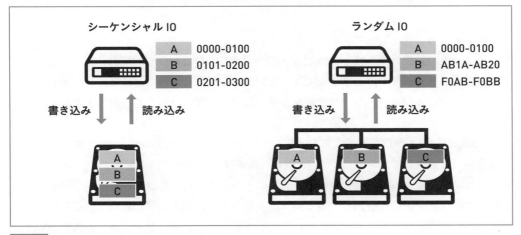

図5-17 シーケンシャルIO とランダムIO

　IOのパターンは、連続したLBAのデータにアクセスするシーケンシャルI/Oと異なるLBAのデータにアクセスするランダムIOで異なります。多くの場合、大きなサイズのデータやバックアップなど全データを先頭からまとめて扱うときなど連続したデータへのアクセスはシーケンシャルIOとなります。逆に、不連続な複数のデータへアクセスする場合はランダムIOになります。

　ただし、VMの場合、3.2.1節にて解説したIOブレンダーを考慮する必要があります。各VMからのIOが同時に多発すると、各VMからはシーケンシャルIOとして発行されても実際にストレージへ発行されるIOはランダムIOになる場合があります。このシーケンシャルIOは1秒

間あたりに処理できる処理量が重要となるため、スループットを重視するとよいでしょう。一方、ランダムIOは1秒あたりのトランザクション数が重要となるため、IOPSを重視するとよいのです。

スループットとIOPSの理解を深めるための例を以下に示します。

ストレージのドライブには、SSDやHDD以外にもテープが使われます。テープはデータを読み書きする際、読み書きする場所を特定するためにテープの早送りや巻き戻しの操作が必要となります。テープはこのような特徴を持っているため、最初に読み書きする場所を特定した後、連続した場所へデータを読み書きするシーケンシャルIOに強く、高速なスループットの性能を誇ります。

テープには、HDDよりもスループットが高速な製品もあります。一方でテープは、不連続な場所への読み書きを行うランダムIOが極端に苦手です。そのため、IOPSはHDDに比べて非常に低速なのです。テープはスループットとIOPSの性能差が極端に大きい例ですが、ストレージ内部の構造次第でスループットかIOPSのいずれに強いストレージであるかは変わってきます。

もし性能監視を行い、アプリケーションやサーバから見て想定よりもIO性能が出ない場合は、スループットに強いストレージかIOPSに強いストレージかを意識し選択するのもよいでしょう。

次に、オペレーション性能監視です。

オペレーション性能監視はボリューム作成などの管理操作の頻度が少ない場合、重要ではありません。少量の管理操作を実行する上では、特に大きな問題になることは多くありません。ただし、短時間に多量のストレージの管理操作が行われる場合は監視しておくとよいでしょう。

特に、多量のボリューム作成などの管理APIを容易に呼び出せるKubernetesのような環境で利用する場合には監視しておきましょう。管理操作の処理が並列化されておらず、1つずつ処理するために時間がかかるストレージもあります。そのため、たとえば多数のボリューム作成などの管理操作を一度に呼び出した場合、想定より多くの時間を必要とします。その結果、処理がタイムアウトしてボリューム作成に失敗してしまい、アプリケーションのスケールアウトに失敗するなどの障害になることもあります。多量に呼び出された管理操作がタイムアウトしないように監視をしておくとよいでしょう。

5.5.3 | 容量 / コスト監視

容量/コスト監視は、ストレージの機器の増設やボリュームの容量拡張などを行う際に必要となります。容量の監視は、主にボリュームを中心に行います。ボリュームの容量不足になっていないかを監視するとよいでしょう。特に2.1.2.1項で解説したThin Provisionigを使用している場合にはボリュームの容量とドライブの容量を監視する必要があります。

もし、必要なドライブの容量が不足してしまうとボリュームに書き込みがあった場合にドライブを割り当てることができなくなってしまいます。このような事態を引き起こさないようにするため、ドライブの残り容量が少なくなってきたことに気がつけるように閾値を設定して監視するとよいでしょう。また、LinuxやUNIXにてブロックストレージやファイルストレージを利用している場合は、ファイルシステムのinode数も監視するとよいでしょう。

　2.2.1節で解説したようにinodeはファイルシステムごとに最大数が決まっており、ファイル数やサイズに応じて消費されます。そのため、ボリュームの残り容量が十分にあっても、inodeが不足するとファイルが作成できなくなります。inode数の不足に気が付くように閾値を設定して監視するとよいでしょう。

　コストの監視では、コントローラとボリュームで考え方が分かれます。また、コストに関する監視項目についてはストレージから直接値を取得できるものではないため、シミュレートしなければなりません。

　コントローラについては、簡易な例として、コントローラの購入価格をアクセスするクライアント数にて除算することでクライアントあたりのコストをシミュレーションできます。各クライアントでアクセス数が大きく異なる場合には、IO数を乗算した値でシミュレーションしてもよいでしょう。ただし、このコントローラのコストはコントローラ1台あたりのクライアント数が大きく変動しないようなケースでは、細かく監視をする必要はありません。

　一方、ボリュームのコストは一定間隔での監視が重要です。ボリュームを構成するドライブの単価は、多くの場合はストレージの購入時に決まります。単純な算出例としては、ボリュームを構成するドライブ単価（単位容量あたりの単価）とボリューム容量を乗算することで各ボリュームあたりの価格をシミュレーションできます。

　ただし、ボリュームの場合、そのボリュームを何年使い続けるのかを考慮する必要があります。多くの場合、高速なドライブは高額です。そのため、巨大なボリュームを高速なドライブで構築した場合のコストは当然高くなります。この高額なボリュームへ頻繁にアクセスして利用しているときにはよいのですが、徐々にアクセス頻度が減ってくると高額なコストに見合わなくなるケースがあります。

　このような場合、性能は低速になるが安価なドライブ単価のボリュームへデータを移行したほうがコストを過剰に掛けずに済むことがあります。つまり、コスト監視で重要なのは単にコストをシミュレートして表示するだけでなく、予算などを考慮した閾値を設定して監視することが重要なのです。

5.5.4 | ユーザー視点の監視設計

ユーザー視点の監視における設計の主なポイントを紹介します。

（1）ステータス監視

ストレージのコンポーネントごとの細かなステータス監視は、重要ではありません。ユーザーにとって、サーバからストレージへアクセスできるかが重要なのです。各コンポーネントのステータスをまとめ、ストレージのステータスとして監視するのがお勧めです。

仮にストレージのあるポートが停止していても、ストレージ内部で別ポートに自動で切り替わっていれば、問題となるケースは少ないでしょう。また、冗長化されたコンポーネントのうち、片方が停止状態や異常状態となっていてもユーザーは何もできずに復旧するのを祈るほかにないケースも少なくありません。

そのため、サーバからストレージへのアクセスは担保されている状態にも関わらず、不用意に監視項目として表示することで不安を煽るだけにならないかに注意しましょう。ただし、前述したようなRAIDなどの自動復旧中のボリュームの性能低下などのデグレードについては、ユーザーが性能低下の原因調査する際のヒントとなるため監視するのをお勧めします。

（2）性能監視

ユーザー視点で重要なのはサーバやアプリケーションから見たストレージの性能です。そのため、サーバで取得した指標値を主に監視するとよいでしょう。

（3）容量/コスト監視

容量の監視では、サーバやアプリケーションが利用しているボリュームの容量が不足していないかを監視するとよいでしょう。さらには、ファイルシステムの監視としてinode数の監視も行うことをお勧めします。

5.5.3節で述べたThin Provisioningボリュームにおけるドライブの残り容量監視はユーザー視点では不要です。ドライブが仮に少なくなったとしても、ユーザーはドライブをストレージに増設できずストレージ管理者が増設してくれるのを祈るほかないためです。ユーザー視点でのコストの監視は、ボリュームのコストが中心となります。サーバやアプリケーションで利用しているボリュームが適切な価格となっているのかを監視するとよいでしょう。

なお、多くのパブリッククラウドではボリュームのドライブの種類による容量課金です。特に、パブリッククラウドを利用している場合においては、必要以上にコストをかけすぎていないかを定期チェックするとよいでしょう。

5.5.5 ストレージ管理者視点の監視設計

ストレージ管理者視点の監視を設計する上での主なポイントを紹介します。

(1) ステータス監視

ストレージのコンポーネント毎の細かなステータス監視が重要です。仮に冗長構成を取っていたコンポーネントが故障して自動で切り替わりサーバからアクセスが継続できていたとしても、故障したコンポーネントは早期に交換する必要があります。故障したコンポーネントを放置した状態では、再度故障した場合に正常稼働できるコンポーネントがないため、自動的な切り替えが不可能であり、サーバからアクセスできない状態になるリスクがあります。

このような状態を引き起こさないように、ストレージ管理者が故障したコンポーネントに素早く気がつけるように通知（アラート）などを設定して監視するとよいでしょう。また、ユーザー視点での監視と同様に、RAIDなどの自動復旧中のボリューム性能低下などのデグレードについては、性能低下の原因調査をする際のヒントとなるために監視をお勧めします。

(2) 性能監視

ストレージ管理者視点で重要なのは、提供しているボリュームのIO性能がユーザーからの要求性能を満たしているかだけでなくノイジーネイバーを引き起こしていないかのチェックが重要です。提供しているボリュームの性能については、ユーザーからの要求性能を超える前に対策が実施できるように、余裕を持った閾値にてアラートを設定して監視するのがお勧めです。

ノイジーネイバーの監視については、ストレージが持つすべてのボリュームを並べて時系列で性能を監視できるようにしておくとよいでしょう。あるボリュームへのアクセスが増えてきたタイミングに呼応し、その他のボリュームの性能が低下していた場合にはノイジーネイバーが発生している可能性があります。ノイジーネイバーについては定期的にチェックを行って、疑わしいときには原因調査や対策を実施するとよいでしょう。

ノイジーネイバーの対策では、ときにストレージのスケールアップやデータ移行が求められます。そのため、対応に多くの時間を必要とするケースが多いでしょう。ノイジーネイバーに気が付かずユーザーへ影響が出始めてから急遽対策を行わなければならなくなった場合、短期に取れる対策が少なくなり、一時しのぎの対応を取らざるを得ないことになりがちです。これを防ぐためにも、容易にノイジーネイバーに気が付けるように監視用の適切なグラフを準備するとよいでしょう。

さらに、Kubernetesのように管理操作が頻繁に呼び出される環境向けにストレージを利用する場合には、オペレーション性能の監視も行うとよいでしょう。オペレーション性能を向上させるには、管理APIへの割り当てのリソース（CPUやメモリなど）増強などの手段がありますが、残念ながら効果が出ない場合もあります。そのような場合は、ストレージの台数

を増やすなど大掛かりな対策を行う必要があり、対策に多くの時間を必要とします。そのため、時間的な余裕をもって対策できるように、オペレーション性能も定期的に監視しておくことをお勧めします。

（3）容量/コスト監視

　ストレージ管理者の視点では、ストレージプールを中心に容量監視することをお勧めします。ストレージプールから生成されたボリュームの総容量やその増加傾向と、ストレージプール内のドライブの総容量やその残容量を監視し、ストレージプールの残容量が不足しないように備えるのです。特に Thin Provisionig を利用している場合、ストレージプールの残容量が不足すると、ユーザが利用中のボリュームにおいてデータの書き込みができなくなる事態になります。

　また、ストレージプールの残容量を増やすためにドライブを増設しようとしても、予備のドライブが手元にない場合、ベンダーに発注して入手しなければならず、時間がかかる場合もあります。そのため、ボリューム容量の増加傾向も把握して、ドライブをいつ頃発注して入手すれば、ストレージプールの残容量が不足する状況に落ち入らないかを見積りましょう。この見積りに応じた閾値やアラートなどを設定し、ストレージプールの容量不足を引き起こさないように注意するとよいでしょう。

　コストの監視については、ストレージ管理者の視点では各ユーザーのボリュームごとの課金状況よりも、主にストレージの増設や新規導入の参考情報にするケースが多いでしょう。そのため、コスト面では中長期の視点での監視が必要です。

　ストレージの利用状況については、払い出したボリューム数の増加率やコントローラの負荷状況、そしてユーザーからの性能要件に対してどのくらい余裕を持って提供できているかを監視するとよいでしょう。これらの監視は日々の細かな変化よりも統計的な値の方が、増設や新規導入の参考になることが多いのです。また、これらの監視項目は、日々の運用時ではなく増設や新規購入のタイミングで必要となるため、日々の監視で利用するグラフなどとは別に管理するとよいでしょう。

5.6 暗号化の設計

　ストレージを安心して利用するためには、情報漏えいなどに備えて暗号化を検討することも重要です。特に、企業において、情報漏えいなどが発生すると、企業の信用問題に関わります。

　ただし、ストレージの暗号化機能を利用すると、多くの場合、性能が大幅に低下します。そのため、何も考えずにすべてのデータを暗号化するのではなく、性能を犠牲にしてまで暗号化すべきかについて十分に検討した上で暗号化を行うことが重要です。

　また、これから説明する暗号化をどれだけ行っても、情報漏えいのリスクはゼロにはなりません。ストレージをどれだけ完璧に暗号化しても、暗号化したストレージごと盗まれたり、古いストレージを破棄する人（管理者、回収業者、ベンダーなど）が悪意を持っていたりすれば、完全に防ぐことはできません。

　ストレージの盗難時や破棄時にも対応できるように、ストレージの設置場所の防犯対策や破棄手順・契約などについてもリスクがないかを十分に検討して下さい。

　冒頭から冷水を浴びせてしまいましたが、ストレージの暗号化についての検討・設計ももちろん重要です。まず、ストレージにおける暗号化の検討・設計には大きく3つのポイントがあります。データプレーン/コントロールプレーンの通信路の暗号化、格納されたデータの暗号化、バックアップの暗号化です。それぞれを説明していきましょう。

5.6.1 通信路の暗号化

　ストレージの通信路には、1.6節で解説した通り、データプレーンとコントロールプレーンがあります。データプレーンはアプリケーションからのデータが流れる通信路、コントロールプレーンは管理ソフトからのデータが流れる通信路です。

　これらの通信路については暗号化を検討する必要があります。通信路が守られていないとストレージやサーバにデータが到着する前に、データを盗まれたり、データを改ざんされたりして間違ったデータを格納してしまうだけでなく、ウイルスを仕込まれることもあります。

　そのため、通信路の暗号化は、悪意のあるユーザによるネットワーク内の通信パケットを盗み見や改ざんを防ぐ上で有効なのです。

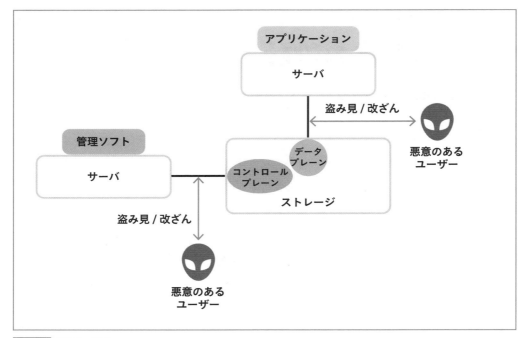

通信路の脅威

5.6.1.1 データプレーンの暗号化

　データプレーンの暗号化は、データプレーンのプロトコルごとに方式が異なります。ここでは、代表的なiSCSI、NFS、SMBを取り上げます。

(1) iSCSI

　iSCSI自身は暗号化機能を持っていないため、IPsecなどIPパケットに対する暗号化機能を利用して暗号化します。ただし、IPsecを利用する場合、筆者が知る限り40%以上ものIO性能が低下するストレージもあるため、導入する際には性能面の考慮が必要になります。

　また、暗号化ではありませんが、iSCSIのセッションでは通常、ユーザの認証・認可が行われません。ストレージにアクセスするサーバ単位（IQN単位）での認可となります。

　もし、2.1.3節で解説したパス設定のみでは不安な場合には、PPP（Point-to-Point Protocol）などで利用されることの多いCHAP（Challenge-Handshake Authentication Protocol）認証を備えているストレージもあるので、パス設定と併用するとよいでしょう。

(2) NFS

　NFSではデフォルトでは暗号化は行いません。そのため、データを暗号化する場合にはKerberos認証を使い、認証・認可とともにデータを暗号化する機能を有したストレージが多いのです。

また、NFS v4以降ではRPCSEC_GSSカーネルモジュールの一部にKerberos認証が含まれるようになりました。NFSで暗号化を行う場合には、NFS v4以降を利用するとよいでしょう。

(3) SMB

SMBの暗号化では、SMB暗号化機能が使われます。SMB暗号化機能を有効化する方法はストレージによって異なるため、詳細はストレージのドキュメントを参照ください。

また、SMB暗号化機能を利用するには、ストレージ側だけでなく接続するサーバのOS（Windows）がSMB暗号に対応している必要があります。Windows Server 2012およびWindows 8以降のWindowsクライアントでは、SMB暗号機能がサポートされています。

ここでは、ハッキングされやすいIPネットワークを利用するプロトコルを中心に解説しました。これ以外にも、暗号化ではなくFCのように限られたサーバからしか接続されず、ハッキングされにくいネットワークを利用するのもデータを守るための選択肢の1つです。

5.6.1.2 コントロールプレーンの暗号化

コントロールプレーンでは、多くの場合、プロトコルにHTTP/HTTPSを利用しています。1.6節で紹介したSMI-SやSwordfishもHTTP/HTTPSベースのプロトコルです。そのため、コントロールプレーンの暗号化では、TLSで暗号化されたHTTPSプロトコルを使用します。

コントロールプレーンが独自プロトコルを採用しているストレージについての詳細は、各ストレージのドキュメントを参照ください。

5.6.2 | 格納データの暗号化

通信路の暗号化の次は、格納するデータの暗号化について説明します。

格納するデータを暗号できる箇所は複数箇所あります。格納データを暗号化できる場所を、図5-19に示しました。

ただし、すべてのアプリケーション、OS、ストレージがすべての場所で暗号化できるとは限りません。利用するアプリケーション、OS、ストレージについて、どの場所で暗号化するのが最適かを検討するとよいでしょう。

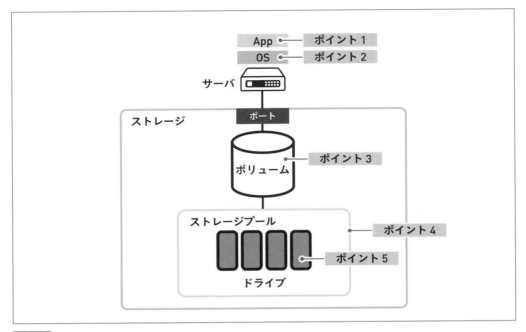

図5-19 格納データを暗号化できる場所

　また、複数の場所で暗号化することも可能ですが、暗号化する場所が増えれば増えるだけ性能が低下するので、注意してください。

5.6.2.1 アプリケーション/OSでの暗号化

　最初はアプリケーション/OSでの暗号化です。

　アプリケーションによっては、アプリケーション自身がデータを格納する際に暗号化できるものもあります。ただし、アプリケーションの多くはデフォルトでは暗号化機能が有効になっていないため、注意が必要です。データ暗号化ができるかについては、各アプリケーションのドキュメントを参照してください。

　OSでの暗号化については、LinuxではLUKS（Linux Unified Key Setup-on-disk-format）、WindowsではBitLockerなどの暗号化機能が有名です。いずれもOSで認識されているボリューム単位での暗号化が可能です。

5.6.2.2 ボリューム/ストレージプールでの暗号化

　次に、ストレージ内部で行われる暗号化について説明します。

　ストレージ内部で行われる暗号化としては、ボリューム単位とストレージプール単位での暗号化があります。いずれの暗号化も、ストレージのコントローラが備えるCPUやメモリなどのリソースを消費して暗号化処理を行います。ストレージ全体で暗号化を実施する場合には、ストレージプールでの暗号化を選択するとよいでしょう。逆に、特定のボリュームだけ

に絞って暗号化する場合には、ボリュームでの暗号化を選択します。

　どちらか一方の暗号化機能しか持っていないストレージもあるため、利用するストレージのドキュメントを参照の上で、適切に選択してください。また、SDSの場合、汎用サーバのBIOSなどで備え持つディスク暗号化機能を活用する方法や5.6.2.1項で述べたOSでの暗号化を利用する方法もあります。

5.6.2.3　ドライブでの暗号化

　ストレージのコントローラが備えているCPUやメモリのリソースを消費せずに、SSDやHDDのドライブ自身が暗号化機能を備えているものもあります。これらのドライブは、自己暗号化ドライブ（SED: Self Encypting Drive）と呼ばれます。自己暗号化ドライブは、ドライブにデータを格納する際に暗号化し、取り出す際に復号します。

　このドライブでの暗号化には、ベンダーの独自仕様のものもありますが、TCG（Trusted Computing Group）が策定するOPAL（オパール）と呼ばれる自己暗号化ドライブの標準規格もあります。自己暗号化ドライブは最も性能を低下させずにデータを暗号化し格納できる方法ですが、欠点もあります。最大の欠点は、基本的に電源がオンのままだと暗号化のロックが外れた状態となるため、仮に悪意の持った人が電源をオンにしたまま、ドライブを別筐体に移動した場合にはデータ漏えいは防げないという点です。

　また、利用しているストレージが自己暗号化ドライブをサポートしていない場合もあるので、自己暗号化ドライブが利用できるかはストレージを購入前に確認するとよいでしょう。

5.6.3 ｜ バックアップの暗号化

　5.6.1節、5.6.2節で紹介した手段によってストレージの暗号化でデータを守っても、安心してはいけません。バックアップデータについても、忘れずに暗号化しなければならないのです。悪意のあるユーザは、バックアップされたデータを真っ先に狙うとも言われています。
　図5-20にバックアップに関するリスクを示します。

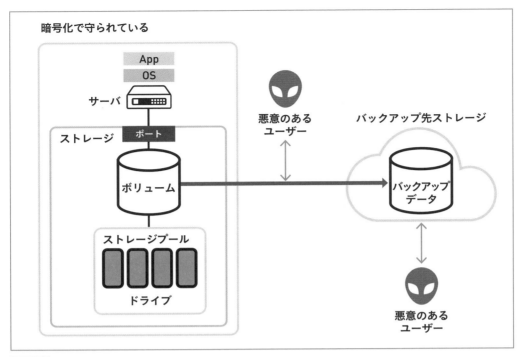

図5-20 バックアップに対するリスク

　バックアップにおいても、5.6.1節や5.6.2節と同様に、バックアップデータだけでなく通信路についても検討しましょう。バックアップの場合、バックアップにストレージのレプリケーション機能やバックアップ専用ソフトウェアを利用することが多いでしょう。また、バックアップストレージとして、パブリッククラウドのサービスを利用することもあるでしょう。このような場合でも、レプリケーション機能やバックアップ専用ソフトウェアが暗号化機能を備えているか、バックアップ先ストレージが暗号化されているかなど、どのポイントが暗号化されているのかを把握することが大切です。

　もし、これらに不足があれば5.6.1節や5.6.2節で紹介した暗号化機能と組み合わせてデータを安全に守ることをお勧めします。

暗号化以外にも、データの改ざんや消去を防止する方法にWORM（Write Once Read Many）機能があります。WORMは、書き込みは1回限りですが、読み込みは何度でも可能とする機能です。

　WORMは、多くの場合、法令などで数年間は保持することが義務付けられているデータなどに用いられます。WORMを実現する方法は、図5-21で示すようにいくつかあります。

(1) ファイル / オブジェクト単位

```
-r--r--r--  1 root  0 7 17 15:53 example.txt
```

ファイルパーミッションで Read Only

※ファイルの例

(2) ボリューム単位

ボリューム 1
（Vol1）

A
B

ストレージプール

A B

ドライブ

	#	VolのLBA	物理ドライブのLBA	権限
Vol1	データ A	0000-0100	SSD1:0000-0100	Read Only
Vol1	データ B	1000-1100	SSD2:0000-0100	Read Only

(3) ドライブ（メディア）単位

 CD-R

 DVD-R

 BD-R

図5-21 WORM の実現方法

　最初の実現方法は（1）ファイル / オブジェクト単位で行うものです。この方法は、ファイルストレージやオブジェクトストレージで利用されます。ファイル / オブジェクト単位でWORMを実現する場合、ファイルストレージが持つファイルシステムや、オブジェクトストレージが持つKey-Value Storeのデータベースにてパーミッションを設定します。

　この方法のメリットは、ファイル単位でWORMを実現できることです。ただし、フ

ァイル / オブジェクトの所有者であれば、容易に変更できてしまう製品も多いので注意が必要です。

　次の方法は、ボリューム単位で行うもので、ブロックストレージで多く利用されます。また、内部で利用しているブロックストレージのボリューム単位でWORM機能を利用するファイルストレージやオブジェクトストレージの製品もあります。この方法では、ボリュームを管理している論理-物理のマッピングテーブルで権限管理します。

　最後の方法は、ドライブ単位で行うものです。ドライブごとにWORMの適用設定が可能なストレージもありますが、CD-R、DVD－R、BD-RのようにWORMの特性を持つドライブのメディアもあります。長期保存を目的とするストレージの中には、これらのメディアを利用できるものがあります。

　この方法は、メディアの特性としてデータ改ざんや消去が行えないため非常に強力です。ただし、対応しているストレージが少なく、ときに特殊な運用が必要となるというデメリットもあります。

　また、(1)(2)の場合、Data Retentionという値を設定できるものがあります。Data Retentionは、ある期間や特定のイベントが発生するまで読み込みしかできないようにWORM機能をコントロールします。

　図5-22に例を3つ紹介します。

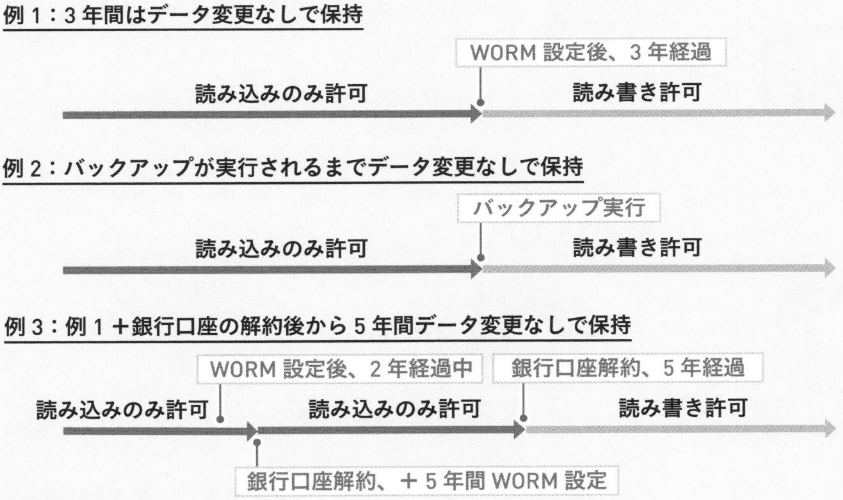

例1：3年間はデータ変更なしで保持

| WORM 設定後、3 年経過 |
| 読み込みのみ許可 | 読み書き許可 |

例2：バックアップが実行されるまでデータ変更なしで保持

| バックアップ実行 |
| 読み込みのみ許可 | 読み書き許可 |

例3：例1＋銀行口座の解約後から5年間データ変更なしで保持

| WORM 設定後、2 年経過中 | 銀行口座解約、5 年経過 |
| 読み込みのみ許可 | 読み込みのみ許可 | 読み書き許可 |

銀行口座解約、＋ 5 年間 WORM 設定

図5-22　Data Retention の例

　最初の例1では、例えば「3年間データを変更しない」など、非常にシンプルに期間を指定します。このような設定の場合、3年経過するとWORMが解除されて読み書き可能となります。

　次の例2では、例えば「バックアップが実行されるまでデータを変更しない」とい

うポリシーを設定するなど、イベントを指定します。このような設定の場合、バックアップされると WORM が解除されて読み書き可能となります。

　最後の例3は少し複雑ですが、イベントと時間経過を組み合わせます。図では、銀行口座のデータを例としています。通常の銀行口座の取引データは、例1と同様に3年間はデータを変更なしで保存するポリシーが設定され、併せて銀行口座が解約された場合、解約時点から+5年間はデータを変更せずに保持しなければならないというポリシーも追加されているとします。

　このように複数ポリシーが設定されていて、例えば、WORM を設定後2年が経過したタイミングで銀行口座を解約したとします。この場合、解約した時点から、さらに追加で5年の WORM が設定され、5年後に読み書き可能となります。最終的に、このデータは7年間読み込みのみしか許可されない状態となります。このように、期間やイベントの2つを任意に組合せてデータの存在と完全性を確保するのです。

5.7 ミッションクリティカルな システム向けの設計

　ミッションクリティカル（Mission Critical）とは、業務遂行（ミッション）のため、危機（クリティカル）を回避することを示します。ミッションクリティカルなシステムで利用されるストレージの代表例に、銀行の預金データなどを保持するストレージがあります。

　このようなミッションクリティカルなシステム向けのストレージは何か特別な機能を持っているのでしょうか。答えはNoです。

　もちろん、高性能なストレージや各部品が冗長化されたストレージを利用することが多く、しばしば非常に高額なストレージを使用します。ただし、単に高性能なストレージや各部品が冗長化されたストレージを導入しているわけではありません。サーバからストレージまでのパスを冗長化しておくのは当然なのですが、ミッションクリティカルなシステム向けのストレージを設計する上で重要なのは、レプリケーションやバックアップの設計です。

　ミッションクリティカルなシステム向けのストレージでは、実際にサービスで利用するボリュームよりも、レプリケーションやバックアップされているボリュームのほうが、数多く必要となります。ミッションクリティカルなシステムの代表例として、銀行システムにおけるストレージの構成例を図5-22に示します※。

※　説明のため実際のシステムを簡易的に示した図であり、実際とは異なる点があります。

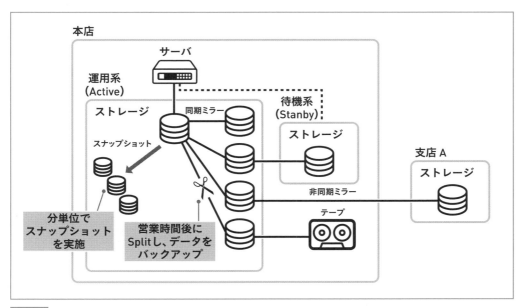

図5-23　ミッションクリティカルなシステム向けストレージの構成例

まず、本店でのサービスに利用しているストレージのボリュームは、複数の同期ミラーが設定されています。同期ミラーのうち3つは、障害発生時に復旧するためのものとして、ローカルストレージ内に置いておくもの、同じ本店内の待機系のストレージ筐体にミラーするもの、別拠点にある支店Aにミラーするものを用意します。

　このうち、待機系と支店Aへのミラーでは、ネットワークの遅延を考慮して、非同期ミラーを用います。さらには、営業時間が終了した際、1日のデータを長期保存用のテープにバックアップするためのミラーも設定されています。また、このバックアップはしばしば、週や月ごとにまとめる決算レポートなどを作成するためのバッチ処理でも利用されます。

　この例では、テープにバックアップしていますが、データを改ざんされないように、WORMが設定された長期保存向けのストレージに保存されることもあります。このバックアップデータは、障害対策だけでなく、法定で決められている監査や裁判所への提出が容易なように可搬性のあるメディアに保存しておくのです。

　さらには、障害対策として、分単位でスナップショットも多数取得しています。通常、2.1.4.5項で解説したようにスナップショットのデータをリストアすると、元のボリュームにも性能影響が出てしまいます。しかし、ミッションクリティカルなシステムではサービスで利用している元のボリュームに影響を出さないようにするため、同期ミラーされたボリュームを使ってリストアを行い、データを復旧します。

　このように、ミッションクリティカルなシステム向けのストレージの構成では、サーバから利用されるボリュームの裏方で、幾重にもレプリケーションやバックアップがなされているのです。当然、このように複数のレプリケーションやバックアップを実施すると、その費用も高額になりがちです。

　そのため、ミッションクリティカルなシステムの設計では、費用と耐障害性を天秤にかけて設計することになります。

「ミッションクリティカル」と似たような使い方をされる言葉に「エンタープライズ」があります。「ミッションクリティカル」と「エンタープライズ」は厳密には、まったく別の概念ですので注意してください。

「ミッションクリティカル」は、業務遂行（ミッション）のため、危機（クリティカル）を回避することを表すのに対して、IT分野において「エンタープライズ」は、単に市場や製品カテゴリーしか表していません。

そのため、「エンタープライズストレージ」と表記されたカタログに掲載されているストレージ製品は、「エンタープライズな規模のサービスで利用できるストレージ」「エンタープライズな企業で採用された実績のあるストレージ」「エンタープライズクラスの価格帯のストレージ」など様々です。つまり、エンタープライズストレージが必ずしもミッションクリティカルなシステムで利用できるストレージとは限らないのです。

エンタープライズストレージを購入したから、ミッションクリティカルな業務で利用できると考えるのは危険です。現実のミッションクリティカルなシステムでは、ミッドレンジストレージ（エンタープライズストレージの下の区分）を使っていることも少なくありません。特にミッションクリティカルであることが求められるシステム向けには、先にある程度ストレージを設計して要件を定めた後に、ストレージを選定するとよいでしょう。

chapter 6

Cloud Native と
ストレージ

5章では、私自身の経験に基づいてストレージを運用
管理する上でのポイントを紹介しました。6章では、
2015年頃より目にすることの多くなった Cloud
Native におけるストレージについて、その考え方か
ら代表的なアーキテクチャーを紹介します。
Cloud Native という考え方は、2015年頃よりが流行
り出しました。しかし、Cloud Native の言葉は耳に
するものの、何のことかわからないという人も多いの
ではないでしょうか。
本章では、Cloud Native とはどのような考え方なの
か、どのようなメリットがあるのか、そして、Cloud
Native の登場によって進化しつつあるストレージに
ついて解説します。

6.1 Cloud Native とは

Cloud Native の考え方は、システムの構成や運用管理の考え方にインパクトを与えました。2015年に設立され、Cloud Native の様々な活動を牽引している CNCF（Cloud Native Computing Foundation）が定義する「Cloud Native Definition v1.0」[1]を以下に引用して解説しましょう。

※1　CNCF Cloud Native Definition v1.0 (https://github.com/cncf/toc/blob/main/DEFINITION.md)

> クラウドネイティブ技術は、パブリッククラウド、プライベートクラウド、ハイブリッドクラウドなどの近代的でダイナミックな環境において、スケーラブルなアプリケーションを構築および実行するための能力を組織にもたらします。このアプローチの代表例に、コンテナ、サービスメッシュ、マイクロサービス、イミュータブルインフラストラクチャ、および宣言型APIがあります。
>
> これらの手法により、回復性、管理力、および可観測性のある疎結合システムが実現します。これらを堅牢な自動化と組み合わせることで、エンジニアはインパクトのある変更を最小限の労力で頻繁かつ予測どおりに行うことができます。
>
> Cloud Native Computing Foundation は、オープンソースでベンダー中立プロジェクトのエコシステムを育成・維持して、このパラダイムの採用を促進したいと考えてます。私たちは最先端のパターンを民主化し、これらのイノベーションを誰もが利用できるようにします。

Cloud Native は、上記の定義にあるように、決してパブリッククラウドのみがターゲットではありません。パブリッククラウド、プライベートクラウド、その両方を使うハイブリッドクラウドとあらゆるタイプのクラウドがターゲットなのです。

Cloud Native のシステムに共通するのは、様々な Cloud Native な手法を使って「回復性、管理力、および可観測性のある疎結合システム」を実現するという点です。Cloud Native が登場する以前のシステムは、「どのような障害が発生してもダウンしない堅牢なシステム」を目指していました。しかし、100% ダウンしないシステムは存在しません。しかも、ダウンしない堅牢なシステムを目指せば目指すほど、あらゆる機器やパーツの冗長性を高めることになり、非常に高額になります。

しかし、Cloud Native は違います。Cloud Native は「ダウンしないシステム」ではなく「ダウンしても素早く回復する」ことに重きを置いています。このシステムの考え方のパラダ

イムシフトが、Cloud Native の最も重要な点だと私は考えています。

　さらに、この素早く回復するシステムと自動化の技術を組み合わせることで、運用管理の理想とも言える「インパクトのある変更を最小限の労力で頻繁かつ予測どおりに行う」ことが実現できるようになるのです。

　このような夢のある考え方である Cloud Native ですが、重要なデータを格納するストレージの価値観とは、なかなか相容れないと感じる人も多いのではないでしょうか。事実、Cloud Native の技術は、データを持たないアプリケーション（ステートレスアプリケーション）をターゲットに徐々に広まってきました。

　しかし、その後、徐々に適用範囲を広げて、2023年時点ではデータを持つアプリケーション（ステートフルアプリケーション）の多くが、この Cloud Native に対応しています。さらに、この考え方はアプリケーションだけでなく、サーバ、ネットワーク、ストレージなどのインフラ機器の管理や設計にも広がりつつあるのです。

Tips

　2012年に提唱されたモダンな Web アプリのあるべき姿を述べた「The Twelve-Factor App」[2] では、アプリケーションをステートレスなプロセスとして実行することを推奨しています。

　この The Twelve-Factor App に従うと、データを持つアプリケーション（ステートフルアプリケーション）とデータを持たないアプリケーション（ステートレスアプリケーション）を明確に分けて、システムを設計することになります。

　このような思想で設計されたステートレスアプリケーションから、Cloud Native への挑戦が始まり、Cloud Native の考え方が広がり始めたのです。

※ 2　The Twelve-Factor App (https://12factor.net)

Cloud Native の目指す世界について理解を深めるために、サービスレベルの捉え方の変化を説明します。

サービスレベルを考える際に重要になってくるのは稼働率です。この稼働率は、MTBF（平均故障間隔）とMTTR（平均修復時間）から算出されます。

稼働率 = MTBF/(MTBF+MTTR)

MTBFは壊れるまでに稼働した時間の平均を示した値であり、MTTRは壊れてから復旧するまでにかかった時間の平均の値です。また、この「壊れる」には、障害による故障だけでなく、バージョンアップなどの計画的な作業によるシステム停止も含まれます。

つまり、サービス全体としては無停止となるシステムを開発したとしても、それを構成する個々のプロセスやサーバ単位で見ると、必ずと言って良いほど障害やバージョンアップなど様々な理由で停止しています。もし、停止しないものがあるとすれば、バグやセキュリティに問題があってもアップデートすら行わない、いわゆる「塩漬けシステム」と呼ばれるものになるでしょう。この塩漬けシステムを除けば、ほぼすべてのシステムにおいて個々のプロセスやサーバは停止しているのです。

ここで、図6-1を使って、プロセスの年間稼働率について2つのパターンを見てみましょう。

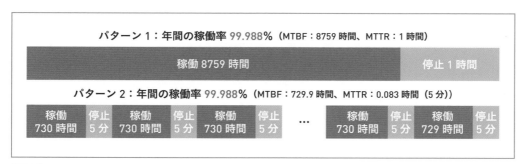

図6-1　プロセスの稼働率の考え方の違い

パターン1は1年間稼働し続け、1年に1回、1時間だけ停止するケースです。バージョンアップなどを年に1回実施すると計画しているようなケースが、このパターン1となります。このパターン1では、1年を365日（=8760時間）としてMTBFとMTTRを算出すると、MTBFは8759時間、MTTRは1時間となり、稼働率は99.988%となります。

一方、パターン2は毎月1回5分間停止するケースです。つまり、パターン2では、毎月バージョンアップなどを実施します。パターン2では、バグが発覚してもすぐに修正版を適用できます。このパターン2のMTBFとMTTRを算出すると、MTBFは729.9時間、MTTRは0.083時間となり、稼働率は99.988%となります。

　ここで、パターン1とパターン2の稼働率を比較すると、値は同じ99.988%となります。つまり、稼働率は同じなのです。Cloud Native登場以前のシステムでは、このパターン1の考え方で稼働率が設計されていたのに対して、Cloud Nativeなシステムでは、パターン2の考え方で稼働率が設計されています。

　稼働率は同じでも、運用方法や目指すものが大きく異なるのです。パターン1は壊れないシステム、つまり高いMTBFを目指す設計です。それに対して、パターン2は、いかに素早く復旧するのか、つまりMTTRを低くすることを目指す設計なのです。

　このMTTRを短くするのに適している技術の1つが4.1節で紹介したCloud Nativeの技術の代表格であるコンテナやKubernetesなのです。ただし、コンテナやKubernetesを使ったシステムだからと言ってCloud Nativeになるわけではありません。さらには、VMなどの技術を使ってCloud Nativeなシステムを実現することも可能です。

　あくまでも、コンテナやKubernetesがCloud Nativeなシステムを実現する上で便利な機能を備えているのに過ぎません。

6.3 ステートフル アプリケーションへの広がり

　6.2節で述べたパターン2の運用を行いたいアプリケーションは、データを持たないステートレスアプリケーションだけでしょうか。答えはNoです。

　バージョンアップ時のトラブルを恐れ、データを持っているステートフルアプリケーションは、できる限りアップデートなどを行いたくないと考える人もいるでしょう。しかし、データベースを始めデータを持つアプリケーションであるステートフルアプリケーションも、日々進化し続けています。ステートフルアプリケーションだからと言って、バグが発覚しても1年に1回しかアップデートしないのは、到底許されません。大切なデータを持つステートフルアプリケーションだからこそ、特に安心・安全に稼働していてほしいはずです。

　つまり、Cloud Nativeの考え方に基づいて、ステートフルアプリケーションを運用しない理由はないのです。

　CNCFが2020年に公開されたレポート「CNCF SURVEY 2020」[1]によると、世界中でコンテナ化されたステートフルアプリケーションをプロダクション利用（本番利用しているのは55%だそうです。2020年時点で、すでに過半数を超えているのです。

　ここで過去を振り返ってみます。

　仮想化技術であるVMが登場し始めたときも「VMでステートフルアプリケーション（データベース）を動かすなんてあり得ない」という人が大半を占めていました。私も、当時周囲から幾度となく、このコメントを投げかけられたことを覚えています。

　しかし、10年以上経った2023年現在ではどうでしょうか。「VMでステートフルアプリケーション（データベース）を動かすのは当たり前」に変わってきています。つまり、現時点でステートフルアプリケーションをCloud Nativeな考え方で運用していなくても、数年後には、Cloud Native化している可能性は大いにあります。

　このように、メリットや世界中での利用率、そして過去の振り返りから見ても、Cloud Nativeな考え方がステートフルアプリケーションに広がるのは自然な流れなのです。本節では、データを扱うステートフルアプリケーションにおいてCloud Nativeな考え方が広がっている状況を解説しました。次節以降では、データを格納しているストレージにおけるCloud Nativeな考え方を解説していきます。

※1　https://www.cncf.io/wp-content/uploads/2020/11/CNCF_Survey_Report_2020.pdf

6.4 | Cloud Ready Storage と Cloud Native Storage

前節では、Cloud Native の考え方やデータを持つステートフルアプリケーションへの広がりについて理解を深めました。今節では、データを格納しているストレージにおける Cloud Native な考え方を見ていきましょう。

2章で解説したようにストレージも様々な機能を持っており、その多くはコントローラ上で稼働するソフトウェアにより実装されています。さらには、コントローラ上には、それらのソフトウェアを稼働させる OS も備え持っています。ストレージを安心・安全に運用するには、これらのソフトウェアのアップデートは必要不可欠です。

また、急激なアクセスの増加により、ストレージのスケールを拡張したい場合も多々あります。さらには、ストレージでも障害は発生します。これらの運用業務を Cloud Native な考え方で実施することによって、効率化する取り組みも進んでいます。それが Cloud Native Storage なのです。

Cloud Native Storage は、ストレージを運用する管理者に「インパクトのある変更を最小限の労力で頻繁かつ予測どおりに行う」という価値を提供することで、管理負荷を低減します。一方で、残念ながら Cloud Native Storage という言葉が一人歩きしてしまい、クラウドで利用できるストレージを Cloud Native Storage とカタログでうたうストレージ製品も少なくありません。

そのため、クラウドで利用できるストレージと Cloud Native Storage を明確に区別するために、ここでは「クラウドで利用できるストレージ」を図6-2で示すように Cloud Ready Storage と呼んでいます。

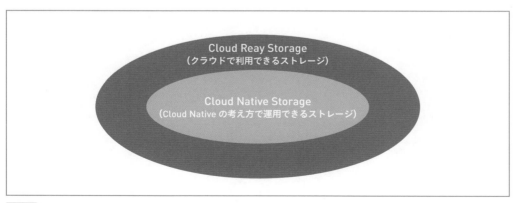

Cloud Reay Storage
（クラウドで利用できるストレージ）

Cloud Native Storage
（Cloud Native の考え方で運用できるストレージ）

図6-2 Cloud Ready Storage と Cloud Native Storage

多くのパブリッククラウドのストレージサービスは、その内部のアーキテクチャを公開していません。そのため、あるパブリッククラウドで使われているストレージがCloud Ready Storageであるか、Cloud Native Storageであるかは不明です。

Cloud Native Storageはストレージを運用する管理者にメリットを提供します。つまり、アプリケーションからストレージを利用するユーザにとっては、Cloud Ready StorageとCloud Native Storageの違いはほぼありません。では、どのようにCloud Ready StorageとCloud Native Storageを選ぶのでしょうか。ストレージ管理者の運用スタイルに合わせて選択するというのが答えです。

Cloud Ready StorageとCloud Native Storageは、どちらかが優れているわけではありません。6.2節のサービスレベルの捉え方の違いを思い出してください。これまで、データを持っているストレージのメンテナンスは、どうしても躊躇されがちで、危機的な状況に陥らない限り、アップデートしないという方針の組織も多いのではないでしょうか。このような組織では図6-1のパターン1での運用になります。この運用を続けるのであれば、Cloud Ready Storageで問題ありません。

一方、頻繁にアップデートし、ストレージ内部で利用されているソフトウェアやOSの最新機能やセキュリティパッチに追随したい場合や、アプリケーションからのアクセスの増減の予測ができずスケールの増減が頻発するような場合は、Cloud Native Storageを採用して図6-1のパターン2での運用を目指すほうがよいでしょう。もちろん、Cloud Ready StorageとCloud Native Storageの両方を運用しても問題ありません。組織には複数の価値や特徴のデータがあり、それぞれのデータによってCloud Ready StorageとCloud Native Storageのいずれの考え方が適しているかは異なります。

重要なのは、このCloud Ready StorageとCloud Native Storageの考え方の違いを正しく理解し、データや管理者の体制・文化などを見定め、ストレージを選定して運用することです。

6.5 Cloud Native Storage の 代表的なアーキテクチャ

Cloud Native Storage についての理解が深まったところで、Cloud Native Storage の代表的なアーキテクチャを解説しましょう。

Cloud Native Storage のアーキテクチャに関しては、2023年時点では定まったアーキテクチャや呼び名はありません。そこで、本書では代表的なアーキテクチャとして、Containerized Storage と Kubernetes Native Storage を定義して、それぞれを解説します。

6.5.1 | Containerized Storage

まず、Containerized Storage を見ていきましょう。図6-3に Containerized Storage のアーキテクチャを示します。

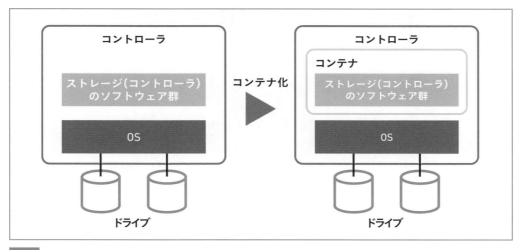

図6-3　Containerized Storage

Containerized Storage は、その名の通り、コンテナ化されたストレージになります。多くの Containerized Storage はコントローラにて動作しているストレージ（コントローラ）のソフトウェア群をコンテナ化しています。

読者の中には、Containerized Storage は SDS のソフトウェアだけのアーキテクチャと思われている人もいるかもしれませんが、それは誤りです。内部のコントローラで動作していたソフトウェア群をコンテナ化しているアプライアンスストレージも登場し始めています。コ

chapter 6

Cloud Nativeとストレージ

179

ンテナ化することで、ソフトウェア群が利用するライブラリを含めてアップデートしやすく
なっています。

さらに、コンテナ化したソフトウェア群をコントローラの内部で稼働させるだけでなく、パ
ブリッククラウド上のVMで稼働させ、プライベートクラウドとパブリッククラウドを連携
させることで、ハイブリッドクラウドを実現しているものもあります。

図6-4にハイブリッドクラウドの適用例を示します。

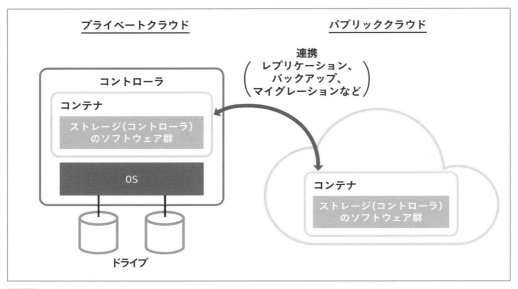

ハイブリッドクラウドでの適用例

また、IoT（Internet of Things）などで利用されることの多い小型コンピュータ上で、こ
のコンテナ化されたソフトウェア群を稼働させることで、小型コンピュータとプライベート
クラウドやパブリッククラウドを連携させるソリューションも登場し始めています。

ストレージベンダーの視点では、このようなハイブリッドクラウド向けに新たなソフトウ
ェアを開発するのではなく、これまで運用実績を重ねてきた信頼のおけるソフトウェアをコ
ンテナ化することで、ハイブリッドクラウド向けのソリューションを低コストかつ信頼度を
維持したまま提供できるようになるメリットがあります。

6.5.2 | Kubernetes Native Storage

Kubernetes Native Storageは、その名の通りKubernetes上で稼働するストレージになり
ます。Kubernetes Native Storageは、Kubernetes上でContainerized StorageをPodとして
実行します。これによりKubernetesが備えるローリングアップデートによるバージョンア
ップ、セルフヒーリング、スケール機能など、Kubernetesが持つ機能を使って、ストレージ

を管理します。

　また、基本的なバージョンアップなどの操作についてストレージの固有コマンドを覚える必要はなく、Kubernetesのコマンドで実施できるストレージが多いのも特徴です。図6-5に、Kubernetes Native Storageの構成パターンを示します。

　なお、図6-5ではノードの内蔵ドライブを利用するように図示していますが、外部のストレージをノードにてマウントして利用できるようなKubernetes Native Storageもあります。

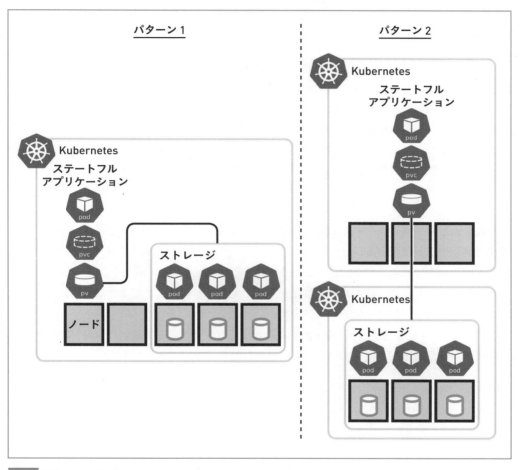

図6-5 Kubernetes Native Storage

　Kubernetes Native Storageの構成は、大きく2つのパターンに分けられます。

　1つ目は図6-5のパターン1に示す構成です。この構成では、ストレージとそれを利用するステートフルアプリケーションが同じKubernetes上に共存します。この構成では、ストレージのPodとステートフルアプリケーションのPodが同一ノード上で動作する可能性があるため、性能干渉に注意する必要があります。ストレージによりCPUやメモリを使いすぎると

ステートフルアプリケーションの性能が低下します。逆に、ステートフルアプリケーションがCPUやメモリを使いすぎると、ストレージの性能が低下するのです。

一方、IO性能を重視する場合、ストレージが提供するボリュームとステートフルアプリケーションをあえて同じノード上に配置することで、ネットワークを挟まないようにして、IO性能の向上を図るストレージもあります。利用するステートフルアプリケーションの特性を考えながら、ストレージのPodを配置するノードを検討するとよいでしょう。

2つ目は図6-5のパターン2に示す構成です。この構成では、ストレージ専用のKubernetesを用意します。つまり、ステートフルアプリケーションを稼働させるKubernetesと、ストレージを稼働させるKubernetesを分けるのです。これにより、ステートフルアプリケーションのPodとストレージのPodとの性能干渉を防ぐことができます。

また、アプリケーションを開発・運用するチームとストレージチームが分かれている場合には、別々のKubernetesを管理することになるため、管理が楽になります。一方で、Kubernetesの台数が増えるため、Kubernetes自身の管理負荷が増大するというデメリットも生じます。

パターン1、2ともにメリット、デメリットがあるため、組織体系や利用するステートフルアプリケーションの特徴などを考慮の上で、どちらの構成が適しているかを検討するとよいでしょう。

このように、Kubernetes Native StorageはKubernetesを活用することで、Cloud Nativeの考え方を利用しやすいプラットフォームとして、ストレージの管理者が「インパクトのある変更を最小限の労力で頻繁かつ予測通りに行う」ことを実現しているのです。以上のように、Cloud Native Storageは、ストレージ製品が登場しているものの、まだまだ成熟した製品とは言えず、チャレンジングなストレージです。

ただし、ストレージの運用負荷の軽減など多くのメリットをもたらします。Cloud Nativeな考え方でストレージの運用を変えていこうという方は、是非挑戦してみてください。

おわりに

ここまでお読み頂きありがとうございました。

本書では、ストレージをこれから学び始める人、学び直す人を対象に、ストレージを解説しました。ストレージは、各ベンダーの製品ごとに、様々な実装があり、特徴がある機器です。本書の記載とは異なる実装のストレージを利用されている読者の方もいるかもしれません。しかしそのような場合でも、標準仕様のストレージの知識を身に付けておけば、応用が効きますし、ストレージを切り替えたときにも戸惑うケースが少なくなるはずです。

コンピュータの中でも歴史が長く、また現在も日々進化しているストレージの世界は、深く広い海のようです。本書を通じて、みなさんのストレージの知識がレベルアップし、ストレージの世界の第1歩を踏み出せたと感じてもらえれば幸いです。

最後に、本書の出版にあたりレビュー頂いたSNIA日本支部技術委員会委員長 横井 伸浩 氏、ヤフー株式会社 第12代黒帯〜ストレージ〜 沼田 晃希 氏、株式会社インターネットイニシアティブ 菊地 孝浩 氏に感謝致します。

2023年8月　坂下 幸徳

索 引

■企画・編集　　　　イノウ（http://www.iknow.ne.jp/）
■ブックデザイン　　米倉 英弘（細山田デザイン事務所）
■DTP・図版作成　　西嶋 正

基礎からの新しいストレージ入門
基本技術から設計・運用管理の実践まで

2023年 9月 7日　初版第 1 刷発行
2023年 9月 14日　初版第 2 刷発行

著　者　　坂下 幸徳
発行人　　片柳 秀夫
発行所　　ソシム株式会社
　　　　　https://www.socym.co.jp/
　　　　　〒 101-0064　東京都千代田区神田猿楽町 1-5-15　猿楽町 SS ビル
　　　　　TEL　03-5217-2400（代表）
　　　　　FAX　03-5217-2420
印刷・製本　　株式会社暁印刷